健康女人时尚阅读书系

★作为女人，她最大的魅力不在于把工作、生活处理的皆为完美，而是学会善待自己。
★女人的生活一定要有情调
★女人的生活应该有咖啡和瑜伽

金桐玉侣 编著

浪漫满屋
熟女的情调生活

langmanmanwu
shunv deqingdiaoshenghuo

让女人变得最“美丽”
活得最“时尚”
拥有女人最应该有的“情调”生活

中医古籍出版社

图书在版编目（CIP）数据

现代女性美体美容与身心健康/《健康女人时尚阅读书系》编委会编. —北京：中医古籍出版社，2008. 4

（健康女人时尚阅读书系）

ISBN 978-7-80174-609-2

Ⅰ. 现… Ⅱ. 健… Ⅲ. ①女性—美容—基本知识②女性—保健—基本知识③女性—心理卫生—基本知识 Ⅳ. TS974.1 R173 B844.5

中国版本图书馆CIP数据核字（2008）第013082号

·健康女人时尚阅读书系·

浪漫满屋—熟女的情调生活

金桐玉侣 编著

选题策划： 大江文汇
责任编辑： 孙志波
封面设计： 宋双成
出版发行： 中医古籍出版社
印　　刷： 北京振兴华印刷厂
开　　本： 700×1000mm 1/16
字　　数： 960千字
印　　张： 112
版　　次： 2008年4月第1版
印　　次： 2008年4月第1次印刷
书　　号： ISBN 978-7-80174-609-2
定　　价： 160.00元 （本册定价:20.00元）

从这一刻开始享受

Cong Zhe Yi Ke Kai Shi Xiang Shou

女人，你是否问过自己，做得最多的是什么？

是不是整日围着老公孩子转，围着家庭工作转，整日在照顾他人的忙碌中度过？

女人，你又是否问过自己，做得最少的是什么？

享受！你什么时候真真正正放下一切享受过生活？

是不是每天都在忙碌，每天都做着平凡而伟大的事情，却总是忘了自己？

所以，我要说，女人，请从这一刻开始享受生活！对着镜子优雅地笑一笑，向享受迈进一步。

女人总是很容易满足，所谓的享受，只不过是一个小小的愿望。只不过是在厨房里，单独为自己做一样爱吃的菜；在商场里，专门为自己买一件心爱的礼物；在公园里，和儿时的好友无拘无束地聊聊天，不用频频地看表，无须顾忌家人的晚饭和晾出去还未收回的衣衫……在剧院里，看一出自己喜欢的戏剧或电影，不必惦念任何人的阴晴冷暖……

女人总是把享受的时间安排到很久很久以后，认为只有把现在的事情做完以后，才是她们享受的时间。殊不知，女人的事情永远没有结束的那一天，从双手沾满肥皂泡给孩子洗尿布开始到给孙子辈换"尿不湿"，永远不能停歇。直到终于可以歇一口气的时候，却已经是皱纹爬上了额头，青春不再，激情不再，没了当日享受的情绪。

女人别只顾一味地忙碌，而遗忘了生活中应有的享受。享受不是一掷千金的挥霍，不是锦衣玉食的生活……只不过是在百忙之中，留一点时间给自己，在忙完工作或做完家务之余，给自己泡一杯茶，读一本自己喜欢的书，听一首优美的音乐，做一道自己爱吃的菜，精心为自己化一个淡妆……

女人要爱自己，不要等到我们头发花白、牙齿松动、眼睛昏花时，再去享受生活，那时的我们还用什么去享受生活呢？女人要学会享受生活，从现在开始，让自己的每一天都过得精彩！

每天打扮得优雅得体，干净利落，出门前照照镜子，对自己笑笑。

交几个知己的朋友，寂寞时叫她们陪陪，要么逛逛商场，要么一块吃饭，要么在家小聚，几碟小菜，几杯美酒，将知心话儿一吐为快。可以骂骂老公忽视自己，也可以谈谈孩子如何教育。

养几盆名贵的花，像照顾孩子似地照顾它们，看着它们开花了，发新枝了，你都会有成就感。

穿着宽松的睡衣，懒散地躺在沙发上喝咖啡，看看电视剧，欣赏剧中女人漂亮的服饰，时髦的发型，也很惬意。

开一个家庭PARTY，邀请你的闺中密友前往，你们一起疯狂，一起回忆当年，一起笑着面对生活，就从这一刻开始。

目录

CONTENTS

闻香识女人

目录

CONTENTS

目 录

CONTENTS

养颜花草茶

美酒的醉人心情

目录

CONTENTS

家有爱宠

目录

CONTENTS

家居宝典

目 录

CONTENTS

闻香识女人

Wen Xiang Shi Nu Ren

“闻香识女人”，每个女人都应该有属于她自己的香味。倾听香氛物语，找到你钟情的那一种。做一个能识香、会挑香、精于调香的幸福女人吧！

香水表情

我　很　酷

推荐：大卫杜夫神秘（Davidoff Coll Water）

最投缘女子：短发、身材骨感

从我的名字就能看出来，我是充满个性的，我不喜欢人云亦云。我偏爱身材骨感的短发女子，她们喜欢穿黑、白、灰和米色，衣着线条简单大方，没有荷叶边和小蕾丝，做事麻利快捷，不喜欢办公室施肥。

我的味道初闻有些清冷，些微的冷漠仿佛有意要与他人保持距离。但心细的人很快就感受到在我cool的背后也有细腻的心，如百合丝丝甘洌的淡雅，融入玫瑰的柔和，虽然直截了当地带出冷峻的草木气息，却意外地爽气和随性。

前调：柑橘、温柏、黑醋栗、凤梨、蜜瓜、莲、百合

中调：五月玫瑰、山百合

后调：鸢尾草、檀香、桃木、桑木、琥珀

我享受惬意的工作

推荐：巴宝莉周末女士香水（Burberry Weekend）

最投缘女子：享受生活，重视家庭

我很随性，办公室的墨守成规难以阻挡我内心的激情。这种女子不会把工作当成全部，穿着品质讲究的休闲两件套，拒绝任何繁复点缀。每到周末都会与家人享受亲情的愉悦。

我最初只是单薄的柑橘清甜，轻松自在，转至起落有致的繁复花香，温和中略带正统端庄，仿佛在幽谷中一路走来，不断收获着醉人的风景。

前调：橘子、树液

中调：鸢尾花、油桃、蓝色风信子、野玫瑰、桃子花、红色仙客来花

后调：雪松木、檀香木、麝香味的植物

我属于都市

推荐：伊丽莎白·雅顿第五大道香水（Elizabeth Arden 5th Avenue）

最投缘女子：摩登前卫、追逐时尚

我与都市的摩登和现代总是严丝合缝，完美契合。属于我的女子自信、独立，有着敏

锐的头脑和自己的一套做事原则，喜欢购买最新款式的套裙、皮包，讲求细节和优雅的格调，奢华却不张扬。

我给人的感觉味道繁杂，无法指出哪一种是核心。初闻味道略微暗沉，像陷入思考般有些凝重，不过很快被干净利落的花香融解，如摩天大楼的线条，简约伶俐，大方得体且卓尔不群。

前调：紫丁香、木兰花、铃兰、菩提树花、中国橘、佛手柑

中调：玫瑰、紫罗兰、桃花、丁香、铃兰、茉莉、蔻叶

后调：麝香、檀香、鸢尾花、香草

我是亲切和善解人意的

推荐：浪凡光韵女士香水（LANVIN）

最投缘女子：宽容、有分量、爱职业装

我温暖的内心像她脸上流光溢彩的微笑。她有权威并能轻易获得别人的好感，言语恰当，真诚和善的作风让人有信服感。

我的世界活泼纯净，如西西里岛清爽的海风拂过，轻快中多了些许粉质的柔滑，雍容如牡丹舍弃了尖锐的触感，易于亲近。

前调：西西里岛柠檬叶、紫丁香

中调：紫藤花、绿茶叶、桃子花、红牡丹、中国茶花

后调：黎巴嫩白相柏木、麝香、琥珀

优雅是我的追求

推荐：宝格丽宝蓝女性淡香水（BVLGARI）

最投缘女子：自信、坚韧、阅历丰富

我无法被阅历清浅的女孩操控。我甘心跟随的女子一般事业有成，有着优雅从容的仪态和良好的修养，话语温婉却掷地有声，常给人一种不容易接近的畏惧感，其实是多了份渗透人情世故后的淡然。

低沉而微辛的味道，使我带了点咄咄逼人的犀利，而香草的无穷余韵携着沉静柔软的木香，却将我丰富的内心表露无遗，看似柔弱，实则内里暗含着刚性的坚韧，心生敬畏之下，可以感受到一份似水的柔情和雅致。

前调：香柠檬、姜

中调：紫藤、胡麻花

后调：金合欢、香草、麝香、檀香木

最IN的中性香

在某些场合，我们需要的不是温吞水式毫无激情的香水，而是那种充斥着霸道和个性的香味以锁住他人的目光。偶尔来次出位，颠覆自己的个性，放逐激情。如果这些明星的style正对你的胃口，那推荐给他们的香水，你不妨大胆尝试！

中性Star女人：吴佩慈

推荐：Issey Miyake一生之水男香

入选理由：衬衣加牛仔帅性十足的装扮把吴佩慈裹了个严实，但风情却一丝未减。一生之水男香淡雅的百合香下又潜藏琥珀、印度檀香的温暖气息，将柔弱与率性混合得恰到好处。

可Copy的用香技巧：如果想在哥们儿林立的聚会上尝试一下中性装扮，一瓶中性或清雅的男香会为你增色不少。

可以选择绿叶类的香调。

可以把香洒在装饰领带背面，或干脆喷在围巾上，产生若即若离的疏朗效果。

魅惑Star女人：李孝利

推荐：Boss Deep Red女香

入选理由：在夜店狂欢，最期望自己变身性感女神，在尽情宣泄间释放迷人魅惑。当Deep Red加诸性感教主李孝利身上时，挑逗的红与醇厚的木香成就了一次绝美变身。

可Copy的用香技巧：肉感十足的东方香型最能将女人的妩媚呈现到极致。如果偕同朋友去酒吧，使用东方树木或辛香料、肉豆蔻等元素的香水可以激发你的妖娆特质。

将香水洒在大腿内侧或内衣上最具诱惑力。

酷感Star女人：Victoria Beckham

推荐：Roberto Cavalli Serpentine女香

入选理由：瓶身上妖娆盘旋的金蛇充满了神秘气息。Serpentine是一款以芒果花制成的香水，巴西人的传说中，芒果花的花蜜能激发性欲，吸引蛇去尝试，直到到达兴奋的状态。用它来诠释一身超酷装扮、神秘得让人难以抗拒的Victoria真的是最为贴切。

可Copy的用香技巧：想获得酷劲十足的香水，在美女如云的聚会时刻凸显自己的与众不同，可寻找一些冷冽男香，或者选择含有一些个性成分如黑莓、黑胡椒、干苔藓、肉桂等等的香水，它们都可以制造出神秘、隔离的气氛。

最适合洒在摆动的衣角上，有些张扬和强势。

选择你的最爱

香味、香型是香水的灵魂，由浓而淡，再从淡渐浓的时尚变化，都是依时代的心情而定。淡了几年的香型今年越发地淡，似有似无的，不经意间传递的是自然、自由、简约和纯净。

据说淡香也是技术进步的结果，过去提炼香氛的技术只能捕捉较浓烈的香味，现在各种细微香分子都可以提炼出来。“不香”的香水以清澈、明朗的包装先在感官上给了我们一份清凉。

最新的国际潮流又返回了辛辣、浓香，巴黎的“毒药”香水，单是名字就令人有些毛骨悚然，另有“鸦片”跟上，在欧美成为畅销品。

香型是一种创造，据说有些世界知名香水的配方有250多种香料，其中许多天然香料如玫瑰油、动物香料等价格昂贵；也有些用的是低廉的合成原料，香料含量极低，只有5%左右，很容易就炮制出普通的单花香型，这就是市场上的香水价格差距大的原因。

对普通消费者来说，既不可能享受价值连城的香水，也不能将劣香带回去，价格在几十元到几百元左右的中档香水可以有很多选择。据业内人士介绍，有些人买香水闻着不错就掏钱，其实买香水要有几个回合的体验。

最好是在早晨还没有闻过很多气味的时候，带着灵敏的鼻子，穿上最能体现自己气质的衣服前去试香，这样有经验的营销小姐可以推荐更适合个人的香水，同时自己也可以进行鉴别。对我们来说，对一种香型不论是确定还是不确定，试用后都应该离开柜台一会儿，到外面走一圈，半个小时后再回来，这时候的感受是最准确的。

倾听香氛物语

如果让香水直接与肌肤接触，身体的温热就会使香气蒸腾缭绕，更显魅力。

少量多处

均匀而淡薄的香气，带来的是若有若无的蒙眬之美，耳根、手肘内侧、膝盖内侧是用香的佳处。

倾听香语

香水有语言有品性，每一种香水都有自己独特的品位。“毒药”，是桃花香水，性感、妩媚、多姿、妖娆；“沙丘”，是葱郁自然的绿色植物型香气，生命气息扑面而来，犹如身处碧海蓝天之中；“鸦片”是经典的中性香气，集男人的精明干练、成熟洒脱和女人的清香于一体，默默地散发着永不退色的爱情香气。

依时而变

香水的用量要与时令配合。晴日里，香水会比温度低的日子浓烈；雨天或湿气重时，香水较收敛持久。另外，春天宜用幽雅的香型，夏天最好用清淡兼提神的香型，冬日则可选用温馨、浓厚的香水。

切合环境

香水如时装，能起到烘云托月的效果，因而不同的环境需用不同的香水。上班时用的香水宜清淡优雅，晚宴或聚会时可选用浓烈的香水。随身携带的香水瓶一定要精致小巧，金属电镀口红香水瓶适合亮丽高雅的时装，玻璃瓶晶莹透明，适合休闲服饰。

甜蜜伴梦

香水如花香一样，具有镇静和安抚精神的作用，玫瑰、柑橘花、薰衣草、茉莉等都是催眠效果极佳的植物，将以此为主要原料的香水，滴两三滴在脚上与手腕上或耳根后再入睡，能使你的梦更甜蜜。

调香的幸福女人

香氛放松身心，SPA美丽身形。其实，未必一定要去美容院，只要掌握以下道具和秘诀，你自己就能在家里或办公室做SPA，月夜里简简单单就能做个香女人。

制造香氛的小道具

面纸或手帕：在面纸或手帕上滴五六滴精油，然后贴近鼻子，作几次深呼吸，是忙碌时最简易迅速的减压方式。

熏蒸台：能让空气里弥漫芳香因子，熏香是最直接的方法。如使用点蜡烛式的熏蒸台，则要特别注意安全，不妨改用插电式或超音波振动的更方便安全。

陶罐项链：滴三四滴精油在棉花上，塞入有小洞的陶罐项链中，挂在胸前，精油便会随体温自然加温挥发，让人随时随地拥有芳疗享受，而且可以持续好几天，最适合外勤族使用。

深色小玻璃瓶：装入调配好的按摩油，随身携带。需要时，在太阳穴、鼻翼、人中等处稍加按摩即可振奋人心。

不锈钢或玻璃大碗：在容器中装入50～60℃的热水，加入3滴精油，脸部靠近碗口，头盖大毛巾作深呼吸，持续5～10分钟。特别适合鼻塞和压力大时。

活用精油调配秘诀

泡澡：15滴精油+1颗奶油球或蜂蜜，调和后再倒入浴缸中。

制作按摩油：95ml基底油+5ml精油（1ml精油约等于20滴）。

调配香氛喷雾：先将10～20滴精油与10毫升伏特加酒或酒精调和，再倒入100毫升的蒸馏水中摇匀，接着装入玻璃喷雾器中即可。

DIY清洁沐浴用品：20～40滴精油+100毫升无色素、无香料、无人工添加剂的沐浴精或洗发乳，在烧杯中搅拌3分钟，使其融合后再倒回容器中。一般而言，加20滴就有香味，加40滴则具有疗效。

DIY衣柜香氛剂：准备天然木珠数颗，每颗滴上2滴精油，放在掌中揉一会，放入衣柜不仅香味持久，还可防虫。

挑香杀手锏

Season

秋天气候干燥，可试用香气较浓，略带辛辣味的植物香型。带甜调的果香或化学成分较高的乙醛花香都很合适。

Time

为了把那款真正适合自己的香水带回家，就要准备足够的时间，先闻一下洒过香水的手帕，如果能引起你的兴趣，可要求在手臂内侧洒些香水。然后外出走上一圈，这样就可以有足够的时间去体验那款或清新、或馥郁、或感性的神秘液体了。

Number

每次只尝试一款香型是不够的，但也只限于三款，超过五款嗅觉就会产生厌腻感，最好先选择几种候补的香味。记住在试闻下一款香水时，先深呼吸，让体内残余的香水气味清除干净，香味才不会混在一起。

Smell

在启开瓶封的一刹那，繁花的气息扑面而来，像有一千朵不同种类的鲜花在一瞬间全部绽放，那种魅力实在不可挡。这时直接从香水瓶口闻香是很荒谬的事。正确的方法是用指甲或手腕内侧蘸取一二滴香水，慢慢地吹口气或是手轻轻地摇晃，再静静地闻香味。

Price

香水天生就是贵族的爱宠。不要尝试廉价货，它会使你所有的格调丧失殆尽，真正高品质的香水每次一两滴就足矣，即使隔了一夜，也会香味犹浓。

最温柔的催情剂

香水堪称最温柔的催情剂，淡淡的香气能影响一切，你的情绪、男人对你的注意……让你在抓住他鼻子的同时，也抓住他的心！

香氛，若有若无最诱惑

你用的香水绝不能浓到能穿透房间或刺激一位魅力男士的鼻翼。当你经过他身边时，一抹若隐若现的迷人芳香绝对会挑起他眼中的兴奋。事实上，今天人们青睐的香氛是那种隐隐约约的香味，它漂浮在空气中，给人留下一抹持久难灭的印象，好似在宣告你的到来、发送有关你的讯息。洒上香水后，数小时它都会环绕着你。香水太浓太烈了，一开始可能会给人强烈的刺激，反而凋谢得最快。

香氛，令你风情万种

现代科学已证明：喷洒适量香水，可增加女性自信，让你能以更高昂的情绪投入社交活动中——当你想邂逅boy时，这可是关键。国外的香水行为研究表明：香味能使一个女人觉得自己更漂亮，在社交场合中更能掌控情势。当女人喷洒上非常女性化的香氛时——花香型、东方式或水果味，她们会表现出更为积极的态度。如果香氛使你更喜欢出门、更风情迷人，你会遇到更多男人；当你洒上最喜欢的香味时，你和他们之间产生的“电磁场”也会更强。

香氛，终身伴你的名片

一个男人或许记不起和你第一次约会时你的穿着打扮，但如果他从你身上闻到一股他从未闻到过的芳香，他就绝不会将你遗忘。当这股香气再次浮现时，哪怕是多年以后，想你的心也会瞬时泛开。

其他感官没有一个像嗅觉那样能与感情、记忆处理区域有如此紧密的联系，这或许就是为什么记忆能如此执着于那抹宜人的特别香味的原因。这即意味着：当你开始和新男友约会时，你应当选择一种刚上市不久的新的香氛。如果你仍用老香水——这可能是他从另一个女人——无论是他的前女友、他的妈妈还是他最早有印象的女老师——身上所熟悉的，扑鼻而来的芳香令他想到的只能是她，而不是眼前的你。如果你和一个男人约会已有一段时日了，而你换了好几个牌子的香水，你应当用回和他第一次约会时用的香水，让他有开展一段新恋情的感觉。

香氛，挑起他的欲望

想象一下：你和他在葡萄酒、夜光杯和摇曳的烛光中进行罗曼蒂克的晚餐，这时他身子越过桌面，吻你，你身上散发的幽香激起他“立即想拥有你”的欲望。男人的嗅觉和其欲望唤醒中心直接相连，因此，女人身上的幽香常常会刺激他的感官，令其升起渴望。你也可以借用香氛营造出特别的魅人氛围：若想展现你大胆、开放的一面，可选择醉人的东方型香水，它们往往散发出性感气味，如肉桂、黑胡椒和薰香；若想展现风情，可用水果花香型香水——鲜花和水果是活泼和诱人完美的结合；如你想留给他风情万种、性感的印象，如水般花香型是最好的选择，因为它们既清纯又魅惑十足。

让他的香气挑动你的情思

研究发现：男人身上的古龙香水味会唤起女人身体的性兴奋。爱、性与男人身上的古龙水味有关联。

要验证你男友的香味是否能让你神魂颠倒，可在他的身体上选择几个部位抹上不同的芳香，然后从中选出一种最令你心醉神迷的气味，可抹在他的膝盖后面、背部脊椎下面、肚脐上面。

迷死人的香氛法则

一瓶精致的香水，其中蕴涵了好多学问哦。因为味道给人的感觉总是很微妙的，不小心的话，容易出现尴尬的局面。想成为玩“味”高手，可要慢慢地学习，让香氛提升你的内在魅力。

Q：简单却又不强烈的香水应该喷在哪里？

A：手腕、耳后、发梢

强烈的气味、用量过多或者选错了身体部位，会给人不好的印象。一般要选择脉搏跳动的部位，手腕、耳后等体温高的地方，或者发梢、脚踝等地方。

Q：送男朋友什么样的香水好呢？

A：刚洗完头的清凉味

男生喜欢擦身而过的shampoo味，还有冰激凌似的甜味，可爱的气味也ok！所以花香型、水果香型很适合，Baby香型也很好。

Q：洗头发的时候，是否需要喷些香水？

A：可以用有水果香的绿色香水

现在很多shampoo里面都有香味，但是为了特殊的气氛，可以滴一两滴香甜的果香香水在头发里面，轻轻揉搓后冲洗干净。

浪漫冬日的香氛

在传统的香水世界里，各种变幻莫测的芳香是一种暗号，它延伸了我们对自我身体的一种表达，也舒展了隐藏在心中的某种情绪，更多的人把它当作社交道具、魅力工具。

但香水显然还另有妙用，根据美国芝加哥“嗅觉与味觉试验暨研究所”神经病学专家阿伦·赫奇博士的研究：香水中所蕴藏的复杂的植物气味可以极其有效地舒缓身体的紧张感和疲倦度。“我们发现，最自然而且最具植物精髓的香水，对人类自身的健康是非常有益处的，因为它们能完全地融合到我们身体的气息中。”

在寒冷季节里，最适合用什么香水来调节自己的心情呢？

香水师鲁道夫·齐朴尔说：“具有淡淡果香的清新前味，花香的中味以及木香取向的后味，将以极为清凉的温度调动你身体的热情，随着香水在身体上的升温，你会发现，你的心情在不知不觉间愈来愈好！”

最能振作精神和舒缓压力的香水应该含有以下的诸种成分：

1. 绿色草本芳香类，以迷迭香、松针、冬青类最好，如香奈尔NO.19，贝斯佳矿泉香水。

2. 柠檬属果树香类，以葡萄、柑橘、柠檬、酸橙为最好，如卡文卡莱的CK ONE，兰蔻的奇迹香水。

3. 水香类，以海藻、海水芳香为最好，如大卫杜夫的冷水，高田贤三的清泉。

4. 茶香及传统香料类，以绿茶、肉桂为最好，如伊丽莎白·雅顿的绿茶。

5. 薄荷芳香类，以西班牙薄荷、胡椒薄荷、桉树最好，如娇兰的薄荷香草，卡文卡莱的CK be。

植物学试验显示，植物会因为环境的不同释放不同的香味。它们有自己的区域主张，种在相邻土地里的同样的植物，香味也会不同。事实上，我们每个人身体的气息与心情息息相关，即使你与她使用的是同一款香水，也会因为心情的不同而呈现出不同的面貌，世界上35万种气味，3 500种香草植物，却只有200种气味能溶解在酒精和蒸馏水里，成为香水。这些已经难以用“芳香”二字来形容的气息，会对忙碌而疲惫的身体和心灵创造怎样的奇迹呢？自己去体验吧！

最速配销魂香水

香水在无声无息间毫不留情地泄露着你的修养、你的学识、你的品位。不同场合、不同职业、不同心情需要不同种类、不同香型的香水。不想让香水“出卖”你，成为最得体优雅的都市新女性吗？让我们一起来读懂香水。

知性女人

最速配销魂香水：Celine Dion 席琳狄翁同名女香

这是由全球瞩目的流行音乐天后Celine Dion推出的自有品牌的香水，这款香水以清新、柔美的气息勇闯美国香水市场，受到广大年轻女性朋友的喜爱！

Celine Dion女香以清新花香为主调，前味洋溢着黑莓露、天芥菜、西西里岛香柠檬的清爽，中味散发着水生百合、仙客来花、野生槿、黄玫瑰、橙花、茉莉的柔和气息，厚味的琥珀、白麝香、棕木、檀香木则为这瓶香水划下完美的句点。

有人说，工作时候的男人最迷人，其实女人也是如此。女人暂时把妩媚抛到一边，在工作上与男人一较高下，展现女性知性、理性、中性的另一面。这样的办公室女优，可以选择这样的香水，其成分自然加入了具有男性香水特质的成分，如橙花、玫瑰花等，有的还添加了西洋杉，令香味少了份娇柔，多了份沉淀。

性感女神

最速配销魂香水：詹妮弗·洛佩兹GLOW BY JLO

被时尚杂志誉为美国性感女神的詹妮弗·洛佩兹推出了名为GLOW BY JLO的香水。这款香水以清新、性感、纯净为诉求，洁净的果花香调，融入了柑橘、葡萄柚、茉莉、香草及白麝香等元素，诉说着女人的性感与柔软。犹如女子刚刚沐浴完毕的体香般清新、性感，是一种肌肤诱惑的快乐。

据说香水能激起男人最原始的本能。的确，虽然男人粗枝大叶，分辨不出香水的气味组成，但是对于女人香，男人总是无法抗拒的。

甜美俏佳人

最速配销魂香水：安娜苏许愿精灵香水

SECRET WISH，瓶盖镶着透明的小天使，在月亮照耀下的森林里，像童话故事中的神秘天使，希望为少女达成秘密的愿望，瓶身设计娇俏可爱，香味宜人，绝对是少女愿望。清新的柠檬、蜜瓜及桃加上香甜的菠萝和黑葡萄，为这支香水添加了少女的芳香，最后以白松木及龙涎香作基调，引发梦幻思潮。

年轻女郎不知天高地厚，淘气、倔强、纯真，渴望长大，又想做个小孩，尽情挥霍青春。在她的世界里，依然怀着女孩的粉红心情。这类女孩子适合用甜美的香水来装扮心中的快乐、浪漫与无虑。这样的香水通常带有水果和花香味，例如常见的葡萄柚、香柠檬和橙子，辅以小苍兰、铃兰、荷花、菠萝、西瓜和石榴汁等“混搭”而成，有的还不忘添加檀香、琥珀和白麝香等“性感”香氛。

远远飘来女人香，挑逗着你的味觉，刺激着你的感官，让人期待，让人浮想。

找寻属于你的花香

无论是独立坚强的大女人，还是温婉可心的小女人，天生都善用花香调剂生活，而花香也有多种情调。就让我们随心情挑选一款吧，带来好人缘的活泼花果香，或随性善变的另类花香，抑或抚慰人心的纯粹花香……暗香浮动的一刻，我们就会明白，女人无大小，只是花香有薄厚……

你最适合何种花香

按与皮肤的融合度选择：究竟是选择偏花香还是偏果香？有种最简单的辨识方法，就是先喷上带果味儿的花香香水，等两分钟后酒精味散去，你再去仔细闻，究竟是花香更明显，还是水果味道更突出，哪种香味散发得好，就说明你与哪种味道最投缘。

按衣装选择：花香香水通常会以玫瑰香味居多。玫瑰花香可以非常华丽、甜蜜，也可以非常清新明朗，只要你今天穿的不是运动装，都可以使用带有一点儿玫瑰味的香水表现你的女性化气质。

按性格选择：花朵与水果的组合带给我们一种幸福的味道，如果你是个年轻活力的女孩，就一定要选瓶带有柠檬和柑橘加花朵味的香水；如果你是一个享受幸福的女人，那么一定要有一瓶散发甜蜜香味的水果加花朵的香水。

花生快乐　在心上弹钢琴

花香香水中有一类是人缘最好的，那就是添加了一丝活泼果香的芬芳。因为果味的介入，香水才有了别样韵律，撩拨人的快乐情绪，就像与好朋友一同分享欢愉。每次闻到花果香，晦暗的心情总会豁然明朗。

LACOSTE阳光触感女士香水

多汁的柑橘进入香气，透出落日的柔美，让香味变得分外活泼。

Sarah Jessica Parker俏佳人女士香水

爽口的青苹果马提尼酒味与淡淡的薰衣草结合，香味柔美、别致，带着一丝幻想的韵味。

KENZO新夏之恋女士香水

酸甜野生山楂融进珍贵的保加利亚玫瑰的芬芳，香味非常特别。

NINA RICCI天堂鸟女士香水

最特别的是甜美的橘类果香融合了英式伯爵茶的清新，喷上去就像被暖风吹拂。

GUCCI女士香水

甜蜜香橙中融入黑莓和黑加仑子的神秘，是很经典的入门香。

花添随性　异想天开别样情怀

张爱玲说，女人有改变主意的特权。千万不要去定义女人，不要轻易相信对女人的分类。就算女人如花，可是你知道世间花有多少种？同女人一样，花香调的香水也常常出人意料，不按常理出牌。在紧张的工作之外，它带给你的是最随性自然的别样女人心。

Davidoff酷玩女士香水

犹如扑鼻的海风。更有趣的是它还有着水果鸡尾酒的甜美，芳香令人馋涎欲滴。

Guerlain熠动香芬

它的诞生使嗅觉金字塔被完全“解构”，从第一缕香气起你就会被引入香水的核心！

PACO紫外线女士香水

一款充满未来感的香水，最初的香味竟是新鲜柿子树的浓郁气息。

Davidoff Cool Water女士香水

花香中融入了清新的海洋味，能舒缓工作时的紧张情绪。

HERMES HIRIS香水

它的香味闻起来特别舒服，是种淡淡的巧克力的清香。

花抚焦躁　让心静如止水

香水最初的灵感，就是来自花香。具有纯正花香味的香水，仿佛将一园的芬芳都纳入其中，它最需要你闭上眼慢慢吸入，那时，眼前真的会出现大片缤纷的花朵，沁心入脾的清香让你心静如止水。当秋风乍起，女人花做的骨肉和花样气息与香水中花魂相遇的刹那，便成就了最完美的一次倾城。

BVLGARI Voile de Jasmin女士香水

充盈着茉莉花的甜蜜清爽与透明感，是一款能让女人变得分外含蓄温柔的香水。

ESTEE LAUDER如风女士香水

完美糅合了5种香味，沁凉如百合，幽香像兰花，带来蓝天碧海，明媚阳光下的清新花香，真的像风一般舒适。

NINA RICCI情迷巴黎女士香水

拥有情人约会时最钟爱的玫瑰、茉莉香。如果想让对方一见钟情，它是最佳的诱惑利器。

MONT BLANC绝代风华女士香水

蕴含了粉红月桂大胆而生气勃勃的动感花香，而玫瑰和莲花的雅致香味又将女人的韵致凸显无遗，很适合性格多变的女人。

CHANEL COCO小姐女士香水

来自优雅的玫瑰花苞和意大利茉莉，清新又略带甜美，非常适合性格活跃的女人。

别让你的香水廉价

液体的颜色似乎在流动，有什么能禁锢想要自由的灵魂？还有哪一种收藏，会像香水这样经不起时间的磨砺，最终以消失在空气中宣告结束？所幸，香水瓶替她留住了岁月，替她尘封起痴痴的爱恋。香水瓶作为近年来的收藏新贵，给怀旧男女们提供了可以回忆的种种结点。正如每一瓶香水都有它的故事，当这些光怪陆离的香水瓶来到世间千千万万的男女手里，它们就被赋予了第二次生命。

香水瓶的收藏价值可以从以下六个方面来判断：

一是年代

一般来说越早生产的香水瓶就越有收藏和鉴赏价值，这一点和所有的收藏品一样。如拉力克风格的玻璃香水瓶（公元前1世纪），这在当时是相当奢侈的，就像瓶中的液体一样。再如吹制的紫水晶瓶（公元50年至150年），还有公元1世纪筑模的吹制玻璃罐等。只有从它们身上，我们才能体会到真正的“历久弥香”。

二是产地

不同产地的香水瓶记载了不同的民俗民风，欣赏不同产地的香水瓶，可以感受到不同的文化气息。塞浦路斯发现的世界上最古老的香水，被装在一个不起眼的单纯朴拙的陶制小瓶子里；而融合异国情调的蝴蝶夫人系列香水瓶，则更加美轮美奂，隐隐透出东方古国的神秘气息。

三是材质

现代香水瓶制造是伴随着玻璃水晶制造而发展起来的。因此玻璃和水晶是现代香水瓶设计的主要原料。此外还有瓷、珐琅等也时常被用做制造香水瓶的原料。收藏时可依据自己的喜好，重点收集某种材质的香水瓶。一般来说，欣赏不同材质的香水瓶时，以玻璃水晶为原料的给人以轻灵雅致之感，瓷原料给人以浑厚凝重之感。当然，整体效果还与造型、色彩及装饰有关。

四是造型

香水瓶的造型时至今日已经相当丰富。除了方形、圆形、心形、月牙形、锥形、倒梯形等等可以描述出来的形状外，还有许多不能用语言描述的形状。

五是色彩

香水瓶的色彩异常丰富，一般玻璃水晶等透明的香水瓶都以浅色居多，如浅柠檬黄、浅橘黄、浅绿、浅蓝等等，尤以浅柠檬黄为多，那是因为柠檬黄与大多数香水的色泽很匹配，且能给人以清新爽洁感。

六是装饰

装饰精致典雅的香水瓶在吸引女人视觉注意力方面起着决定性的作用。刻花的表面，美妙绝伦的花朵瓶盖，有的还要饰以手缚蝴蝶结，使香水瓶的视觉艺术与香水的嗅觉艺术具有同等的品赏价值。

找你自己的味道

“囤货”这个词，越来越频繁地出现在爱美一族口中。就像小孩子永远不满足的对玩具的欲望，影音爱好者们永远不停地购买碟片，化妆品好者们永远无止境地对瓶瓶罐罐产生着旺盛的欲望。

有人热爱囤积护肤品，洗面奶、化妆水、乳液精华、眼霜、面霜各自买上一箩筐，用自己宝贵的脸蛋来试验这些护肤品的好坏，永远在寻找“最适合自己的那一款”，乐趣就在寻找之中。但护肤品的保存期限相当有限，打开试用了一回，那么你就最好在半年或一年之内用毕，否则娇嫩的有用成分会变质。

彩妆比护肤品更适合囤积，但使用率有限。每天早上起床那么痛苦，没有多少人有本事再腾出半个小时以上，仔细描绘出一张无懈可击的妆容。同时，适合自己肤质及肤色的粉底、散粉、腮红、睫毛膏等等就那么多，只有唇膏可以随心所欲一些，那也要配合自己的脸色。

最方便收藏的就是香水了，不管你身份如何，都可以喷上香水出门，只要注意别太熏人就一切OK。随着心情及服装变换不同的香味，几乎是所有时尚媒体都大力倡导的生活方式。很多香水都是喷口设计，密封性良好，甚至过了保质期很久，香味依然不变。在古代，很多香料本身就是天然防腐剂，像檀香等，年代越久，香味越纯正浓郁。

没有哪一款真正是你自己的味道

年轻的男孩对女孩说："你买这么多香水做什么？真要喜欢香味的话，你应该挑选一个你最喜欢的味道，一直用下去，那才是你自己的味道。"

女孩很不服气，对男孩说："怎么可能有香水是我自己的味道？每一款香水都是大众商品，全世界几十几百万人都在使用，我却是独一无二的，为什么要把自己划到一个商品的框框里？我的香水搭配才是我的风格！”男孩哑口无言，无法反驳女孩“我自己才是独一无二”的话。

事实上不就是如此吗？作为大众商品的香水，全世界每个角落都有人在使用，它是调香师为了一个群体而设计的，并不是你一个人的专属。如果只使用一种香水，除非你是这个产品独一无二的代言人，比如永远的梦露、永远的Chanel No.5。

如果一个人与你相恋之后，你始终只喷同一种香水面对他，他的身边肯定会有朋友或路人喷着与你同样的香水，同样的味道，那么你还是独一无二的吗？香水是身外之物，香水只是如同衣服一般的表达方式。没有人会终年穿着同一款式的衣服。这个年代里的普通大众们，没有办法像薛宝钗那样，配出一方“冷香丸”，集四季之精华于自己身上。

如今人们都知道每天换衣服，品位的体现不在你穿的某一件衣服上，而在你衣服的搭配选择上。如今，人们很容易提出这样的问题：“你怎么连着三天穿同一件衣服？”或许以后人们也会这样问：“你怎么连着一礼拜喷同一种香水？”

香水也要混搭

如今什么都流行一个“混搭”，西装配仔裤，礼服配长靴，香水也不例外，你完全可以按照自己的喜好，搭配出自己需要的味道来。这一款香水的果香，配上一点那一款香水的木香，马上就是另一种截然不同的表达。

比如说，在一款木香浓郁的男士香水里，添加一些花香香水，马上就可以使得男香变得柔软了起来，两种香味缠绵在一起，更有一番说不清道不明的意味。另一半出门在外的时候，思念中的姑娘们不妨一试，会有令人惊喜的感觉。

在混搭之前，建议大家先试一下，毕竟我们都不是专业调香师，如果配得不好，很容易出现一些古怪的气味。最简单的方法，是在手绢或纸巾上喷上不同款的香水，试一下效果如何，选出一个最适当的比例（A.香水喷几下，B.香水喷几下，C.香水喷几下），再喷到自己身上去。如果担心不同香水喷好几下在身上，味太浓了，你还可以购买专门的香水小喷瓶，只有两三毫升左右大小，先按照比例将香水配好，再轻轻地喷两下在身上，自己一手炮制的独特香水，就这么出炉了。

如此一来，你在休闲的时候，可以不停地捣鼓自己的香水，发挥出它们最大的价值。还可以配几个不同香味的小香水随身携带，甚至用你配的独特香水来送人，心思与情感全集结在那小小的瓶中。

选香的“偏门”

似乎天生就为时尚而生的香水，让我们的生活浸满芬芳。香水各色味道范围之广，足可以涵盖女人每一个精细的蜕变过程，可麻烦也跟着来了，在香水柜台闻到头发昏之前选到一款真正适合自己的香水，有时只能倚仗一些运气。不过挑香也有一些方便快捷的“歪门邪道”，各有千秋且准确度颇高，绝对值得你参考一下。

做个“好色”之徒

准确度： ☆☆☆

星级理由： 香水的特质与瓶身颜色时常极为般配，所以以貌取人还蛮合理，只是因同色系范围较广，瓶不对香、混淆视听者也有，仍需鼻子一辨分明，因而准确度居中。

香水有味亦有色，诉说着香的心情与气质。因此，首先从香水瓶的颜色上，我们就可以大概判断出香水的秉性如何。看到香水的第一感觉尤其重要。只是如果用在颜色差异相对较小的香水之间，就不太容易下判断。但还好总算提前缩小了挑香范围。大致的判断标准如下：

紫色——清冷、高贵： 像薰衣草、紫罗兰、风信子、鸢尾花等都是紫色，有种很清逸的气质，也最具帝气。一般的女子是很难和紫色相容的，须有骨子里的优雅、轻灵。

黄色——华丽、馥郁：很多黄色瓶身的香水都有着稍浓烈的香味，十分华丽，无法让人忽视，显出一种性感与成熟的风貌。

蓝色——安静、谦和：蓝色充满了内在的力量，承载的香水气质幽幽绵绵，香味会更悠远和感性。

粉红色——暧昧、甜美：桃红、嫩粉经常被作为甜润花果香调香水的装饰色，渲染一种娇俏可爱的感觉，一般这类的香水很小女人。

红色——美艳、热烈：浓烈的红象征香水一种激烈的情感，充满诱惑力，使用它的女子必然有种妩媚风情。

绿色——新生、清爽：这类香水一般香味比较纤细，加入了一些绿香，给人以爽快、时髦的感觉，中性，让心情回复简单与平静。

黑色——神秘、蛊惑：经常被用在男士香水中，象征力量和冒险，个性十分鲜明。

红色：Guerlain Samsara女香

芬芳寓意：沉郁、香艳

瓶身以深红、金和黑三色为主，茉莉和檀香的浓重芬芳，将东方香调的神秘和极度诱惑渲染得淋漓尽致。

黄色：DALISSIME 莎娃蒂妮魅幻之吻女香

芬芳寓意：挑逗、华丽、卓尔不群、放纵不羁，神秘莫测并总是充满了挑逗的意味，这瓶香水与艺术大师一样，营造出了最梦幻的气息，仿佛来自于在清晨苍茫的薄雾中慢慢苏醒的神秘果园。

蓝色：Carolina Herrera 212 On Ice男香

芬芳寓意：沉静、清净无比

由冰砖包裹蓝色芬芳，一入眼已觉清凉无比，薄荷的冰凉气息与微酸的葡萄柚触动感官，酣畅淋漓。

粉色：ROBERTO VV rose玫瑰女香

芬芳寓意：甜美、充满生机

一款水晶块包装的香水，烂漫的玫瑰气息将小女人的柔情一网打尽，每次闻到这种香味，就会让人特别动情，从心底变得温柔起来。

黑色：BOSS In Motion III Black男香

芬芳寓意：强壮、精力充沛

新鲜时尚的金属黑色表现出男人内在的阳刚魅力。装载的是一种鲜活酣畅的气息，生姜浓香的迸发，冷却了烟草香味和像兰草的气息。很man的香味。

搜索名字正中下怀的心愿之香

准确度：☆☆☆☆

星级理由：人的心思最难揣摩，如果一瓶香水的名字正符合你当下的心愿，就预示着它的芬芳中包容了你所期盼和酝酿的情绪，因而，以名挑香的方式很容易贴近你最想要的感觉，准确度很高。

选香“偏门”中有句俗语——香由心生，意为你简直可以不必去进行繁琐的香味考察，就此省去因鼻子不堪重负产生的后遗症，而是完全遵照自己的当下状态，选择那些名字揭发了你的心事的香水。虽然这种选香方式没多少技术含量，也不甚专业，但对于那些对香味不敏感、懒散以及反复挑香几近绝望的人而言，这很可能会化作一次“冲动的惊喜”。毕竟，每瓶香水在诞生之初，都会有一个明确的feeling诉求，聪明绝顶的大鼻子们（调香师）会把各种难以言传的情绪变化融进香水之中，层层渲染某种感觉。所以，你因香水的名字正中下怀而选对了香水，自然就在意料之中喽！

心愿香水特别推荐：CHANEL CHANCE Eau Fraiche 邂逅清新淡香水

芬芳寓意：好运、惊喜、年少、活力四射

Lucky，多么美妙的词汇！也许就在邂逅的一刻，幸运之神从天而降。还记得曾与一群人等待接受面试，排在前面的女子在被叫到名字时，从包中拿出了香水轻喷在手腕与耳后，之后从容走进房间，那一刻至今让我动容。她在用香水为自己创造机会。

就像CHANEL新香命名为CHANCE，就将我们对邂逅的期待化为满瓶芬芳，喷上的刹那，各种奇妙的香氛碰撞组合，幻化出不可思议的和谐香调，让人雀跃，似乎正有无穷的惊喜在等待着我们。更有趣的是，这款香水代言

人就是一个突然受到上天眷顾的lucky girl，一个从法国度假城镇La Baule中走来的女孩Charlotte。一个曾经普普通通的小女孩，在属于她的20世纪90年代，听着Michael Jackson与Madonna，看前“超级男孩”之一的Justin Timberlake的表演，更疯狂迷上了《101 斑点狗》中可爱的狗狗们对抗恶毒的时尚女巫Cruella的情节。那时的Charlotte无论如何也想不到，多年之后，幸运之神会将她引领至CHANEL艺术创意大师Jacques Helleu的面前。镜头前的Charlotte毫无拘束、神色自若地摆动着肢体，诠释谜般的情绪。

其实，我们同Charlotte一样，都在期待生活中邂逅的惊喜，幸好我们渴盼的CHANCE就在身边。

细探香水广告model细节

准确度：☆☆☆

星级理由：香水广告大片中的model状态也许是我们用香希望得到的最佳境界，对他们气质的直观感觉可帮助我们对香味作一个大致的划分，缩小挑香范围。

香水广告大片拍得可谓缥缈、香艳至极，瞬间让我们的占有欲爆棚。而为香水代言的那些model、明星们的气质，更与香水水乳交融，似乎喷上了她的香水，我们已然成为了她。但需要注意的是，为自己挑香水，最初应选跟自己气质类似的model代言的香水，而非自己潜意识中希望成为的类型，至少在你的软硬件装备没有跟上、差异不是一两尺的情况下，选风格接近的香水，出错的概率会小很多。

据观察，香水大片依据model的服饰和妆容可分为古灵精怪型、高贵魅惑型、活力四射型、庄重内敛型、清雅淡泊型等几类。另根据model所处场景还可分为自然型、摩登型等，前者向往大自然的清新纯净和自由，而后者更适合在城市穿行。等找准了分类，就可以对号入座了。

Paris Hilton Just Me自我女香

Model：Paris Hilton

芬芳寓意：性感、充满自信

Paris Hilton 对时尚的敏锐无人能及，如今，她愿与人们继续分享这份让她“热辣十足”的香氛：经典、迷人而性感，这款香水正是帕丽丝的经典写照。这款香水保留了帕丽丝香水引领潮流的特质与魅力，展现着帕丽丝所拥有的那种身为女人的自信心。还有什么比她的香水更令你期盼呢?

ESTEE LAUDER纯净如风女香

Model：Gwyneth Paltrow

芬芳寓意：纯净、明亮、充满欢愉

Gwyneth Paltrow天生丽质，平易近人又随性自然，看着她身穿巴黎世家白色亚麻布宽松衣装，置身花园美景，似乎我们也要陶醉在这宁静之中，当肌肤散发如风的香味时，就会立即感到这份纯净。这款香水会成为那些追求自然、舒适的女孩子的宝贝香。

LANCOME 迷幻催眠女香

Model：Daria Werbowy

芬芳寓意：魅惑、迷幻

当人们提起她时，世界上只有少数的超级模特会如此盛名，不连名代姓，而是很亲切地只叫她们的名字。其中就包括Daria Werbowy。她带着梦一般的气息，也将这融合东方、木香与阳光的芬芳渲染得淋漓尽致，一款真正亲和肌肤的香水，如果你有着同样迷魅的眼神和气质，它或许会成为你的最佳代言人。

Miss Dior Cherie甜心女香

Model：Riley Keough

芬芳寓意：朝气、甜美、难以预料

它的香气含有历史遗留下的经典，却又混合着粉红泡泡糖和青春的味道。它具有独特的年轻诱惑力和朝气，即使在沐浴、办公，或观看MTV后很久，香气仍会充满诱惑地继续萦绕。而众星中只有一个人具有这样的态度，可将这种香水变为现实。她是猫王的外孙女Riley Keough，她天使般的脸庞、充满好奇心的“洛莉塔般”的纯真与香水所表达的顽皮特质结合为一体你或许也可以。

暗香迷蒙

“忘情巴黎”、“倾城之魅”、“玫瑰情结”、“POISON（毒药，也称CD）”……时髦、性感而又爱美到酷的你，一定能数出许许多多诸如此类的香水名称来吧？

玫瑰、茉莉，还有轻柔的枥木香，檀香、柠檬在众多鲜花味背景的衬托下散发出淡淡的清馨……谁能经得住这魔鬼的诱惑？

香水追求的正是一种迷雾般神秘的氛围，我们何不用心去营造一个梦幻般的意境，让你的性感更神秘、让你的优雅更迷人、清纯更隽永？

背包出行，让潇洒的你更清爽

搭配的最高境界在于浑然一体，服饰、化妆和使用香水的协调是服饰品位不可忽视的组成部分。穿上裤装，背上背包，足蹬旅鞋，这一身潇洒的装扮，最适合使用属于柑苔花果调或清新木香调的香水，因为它们都以森林中

的植物为基础，散发着淡雅清新的自然香味。ACCENTI（忘情巴黎）、PACO（另味香水）、WRAPPINGS（倩碧香水）等都能恰到好处地衬托出背包出行的你的干练形象。

晚装赴宴，让梦幻的你更神秘

如果你有一副骄人的好身材，你不妨选择一件剪裁比较合身的（最好是有着低胸设计的）晚礼服参加宴会，赴宴前当然要进行一番“浓妆艳抹”，最好将长发轻轻挽上后脑，让优雅性感的脖子显露出你一派浑然天成的高贵神秘，当然，如果能再配上浓郁而又带神秘感的东方味香水，那你一定能成为今晚宴会的女王。TRESOR（璀璨）、5THAVENUE（第五大道）、OPIUM（鸦片）等集合众多香味精华的香调，都能散发你的高雅不俗，使梦幻般的你更加神秘。相信不少爱美的男士会拜倒在你的石榴裙下。

贵妃出浴，让心情慵懒的你更性感

经过精心沐浴，洗尽了一天的风尘，身着薄如蝉翼的睡裙的你慵懒而娇媚，此刻的女人是最渴望得到呵护也最应该得到呵护的。在温馨的卧室里，有梦幻般的香雾笼罩，世界变得更加诗情画意。此时无论是轻舒指尖涂抹，还是将香雾喷在眼前被它笼罩，都不会显得做作与多余。你只要选择他喜好的香味即可。花间精灵、水晶之恋、现代丛林，这些以可爱的甜香及罗曼蒂克为形象的香水都很适合你创造一个玫瑰般的氛围，让你与心上人度过一个迷人的夜晚。

梦醒十分，让俏丽的你更清爽

生活不尽是鲜花与美酒，脱下了晚装离开了梦幻，你又要面对黎明、面对熙熙攘攘的人流和不尽的打拼人生。由于有太多人世间的东西要去考虑，因而在离开家之前，那一脉浓郁粉腻的香雾就要稍稍拨散一点。着上及膝套裙及自由职业装的你，要想在俏丽之外更好地展示自己的清爽和干练，就要选择清晰爽朗的香水来点缀自己。DE EAU（花之水）、AQUAFIORE（花仙子）等淡雅清香的带着特殊的花香调和海洋味的香水能使你每天怀着愉悦、温柔的心情去面对新的挑战，它能让你轻松自在地面对每一个不同的场合，温婉中透着清爽与干练的你一定能无往而不胜。

咖啡物语

Ka Fei Wu Yu

“我不在咖啡馆，就在去咖啡馆的路上。”还记得这句耳熟能详的“名言”吗？曾几何时，去喝咖啡被认为是“小资”的象征。关于咖啡，你知道多少呢？

你最钟情的咖啡

在咖啡厅里小憩闲聊被认为是高雅时尚的代名词，而男女情侣一边饮着咖啡、一边情话绵绵更意味着爱情与甜蜜……不妨就让我们一同走进咖啡王国，去探究它的些许奥秘吧！

咖啡“诞生说”

关于咖啡的传说有很多，其中有两大传说令人津津乐道，分别就是“牧羊人的故事”和“阿拉伯僧侣的传说”。

“牧羊人的故事”也可以叫做“卡尔弟的传说”。故事以6世纪衣索高原为背景，相传6世纪衣索匹亚有个叫卡尔弟的牧羊人，有一天发现自己饲养的羊群忽然在那儿不停地蹦蹦跳跳，他觉得很不可思议，仔细观察，才明白原来是羊吃了一种红色的果实导致的。于是他便将这些果实采摘下来，并分给修道院的僧侣们吃，他们吃完后都觉得神清气爽。这些果实就是咖啡豆。

“阿拉伯僧侣的传说”也可以叫做“雪克·欧玛尔传说”。1258年，因犯罪而被族人驱逐出境的酋长雪克·欧玛尔，流浪到离故乡摩卡很远的瓦萨巴（位于阿拉伯）时，已经饥饿疲倦到再也走不动。当他坐在树根上休息时，发现有一只小鸟飞来停在枝头上，以一种从未听过的极为悦耳的声音啼叫，他仔细一看发现那只小鸟是在啄食枝头上果实后，才叫出这美妙的啼声的。于是他便将那一带的果实全采下来放入锅中加水熬煮，不久之后竟开始散发浓郁香味，喝了以后不但觉得很好喝，而且还觉得疲惫的身心为之一振，于是他采下许多这种神奇的果实，遇到有病人便就拿给他们熬汤喝。咖啡因此而被发现，而雪克·欧玛尔也因广做善事而被免罪。

咖啡“血统论”

与红酒一样，咖啡的优劣和产地有很大关系。最有名的咖啡产地有：

巴西

最大的咖啡生产地。其中最出名的就是山多斯咖啡，它的口感香醇，中性，可以直接煮，与其他种类的咖啡豆相混成综合咖啡也是很好的选择。其他种类的巴西咖啡如里约、帕拉那等因不需过多的照顾，可以大量生产，虽然味道较为粗糙，但不失为是一种物美价廉的咖啡。

哥伦比亚

产量仅次于巴西的第二大咖啡工业国。较有名的产地“麦德林”、“马尼萨雷斯”、

“波哥大”、“亚美尼亚”等，所栽培的咖啡豆皆为阿尼卡比种，味道相当浓郁，品质、价格也很稳定，煎焙过的咖啡豆，更显得大且漂亮。从低级品至高级品都能生产，其中有些是世上少有的好货，味道香醇至令人爱不释手。

墨西哥

中美洲主要的咖啡生产国。这里的咖啡口感舒适，芳香迷人，上选的墨西哥咖啡有科特佩（Coatepec）、华图司科（Huatusco）、欧瑞扎巴（Orizaba），其中科特佩被认为是世上最好的咖啡之一。

夏威夷

去夏威夷除了观光，别忘了夏威夷还出产咖啡豆——Kona。口感甜美带有愉快的葡萄酒的酸味，非常特殊。它是生产在夏威夷西南海岸的Kona，这是夏威夷最传统且出名的咖啡。

印尼

苏门答腊的高级曼特宁，它独特的香浓口感，微酸性的口味，可说是世界第一。另外，在爪哇生产的阿拉伯克咖啡，苦中带甘，甘中又有酸的余香，久久不散。

哥斯达黎加

哥斯达黎加的高纬度所生产的咖啡豆是世上赫赫有名的，香气浓郁、味道温和，著名的咖啡是中部高原（Central Plateau）所出产的，这里的土壤都是好几层厚的火山灰和火山尘。

安哥拉

全世界第四大咖啡工业国，但只出产少量的阿拉伯克咖啡，品质之高自不在话下。

衣索匹亚

阿拉伯克咖啡的故乡。生长在高纬度的地方，需要很多人工悉心的照顾。这里有著名的衣索匹亚摩卡，它有着与葡萄酒相似的酸味，香浓，且产量颇丰。

牙买加

牙买加的国宝——蓝山咖啡在各方面都

堪称完美无瑕，就像葡萄酒一样。生长在海拔2000米以上的地方，结合精华烘培技术研制而成，实属咖啡中之极品。

肯亚

肯亚种植的是高品质的阿拉伯克咖啡豆，咖啡豆几乎吸收了整个咖啡樱桃的精华，味微酸，有浓稠的香味，很受欧洲人的喜爱。

也门

摩卡咖啡想必大家都已非常熟悉。也门的摩卡咖啡曾经风靡一时，在世界各地刮起一阵摩卡旋风。酸醇香，带润滑的中酸至强酸，甘性特性。

秘鲁

后起之秀的秘鲁咖啡正逐渐打开知名度，进军世界。多种植在高海拔的地区，有规划的种植使得产量大大的提升，口感香醇，酸度适中。

瓜地马拉

瓜地马拉的中央地区种植着世界知名、风味绝佳的好咖啡。这里的咖啡豆多带有炭烧味、可可香，只是酸度稍高。

调出特色咖啡

维也纳咖啡

材料：热咖啡一杯，鲜奶油适量，巧克力糖浆适量，五彩巧克力少许，糖包。

作法：热咖啡一杯约八分满，上面以旋转方式加入鲜奶油，再淋上适量的巧克力糖浆，最后洒上五彩巧克力果，附糖包上桌。

特色：这款源于奥地利的著名咖啡，具有三段式的变化口味，适合喜欢甜食的人饮用。

适合饮用时间：早晨或下午

夏威夷风情咖啡

材料：一杯热咖啡，鲜奶油适量，薄荷酒少许。

做法：热咖啡一杯约八分满，上面以旋转

方式加上一层鲜奶油，再淋上少许薄荷酒。

特色：薄荷酒的清爽感受会使燥热感顿消，隔着冰凉的鲜奶油喝热咖啡，感觉别有风味，有如置身夏威夷海湾。

适合饮用的时间：下午或餐后

香草冰咖啡

材料：一杯热咖啡，香草冰淇淋球一只，糖水1/2盎司，碎冰适量。

做法：将碎冰放入调酒壶，倒入咖啡，再加入半只香草冰激凌球，1/2盎司糖水，用力摇匀，然后，倒入玻璃杯，再加入碎冰，将余下半只香草冰淇淋球旋转冰面，最后洒上杏仁片点缀。

特色：透心凉的冰咖啡，清淡宜人，有奶油及香草的鲜香。

适合饮用时间：全天

爱尔兰咖啡

材料：爱尔兰威士忌1/2盎司～1盎司，方糖，热咖啡一杯，鲜奶油适量。

做法：专用杯中先放入1/2～1盎司爱尔兰威士忌，加入方糖（或2小匙砂糖），放在专用架上，用酒精灯加热至糖溶化，再倒入热咖啡约八分满，最后加入一层奶油。

特色：酒香浓烈，适于男性饮用。

适合饮用时间：夜晚

综合水果冰咖啡

水果的切雕摆设极富变化，鲜奶油挤花夹其间，更营造出丰盛的感觉，吃时享受分层不同口味，由清淡开胃渐而浓郁香醇。

特色： 可享受分层不同口味的吃法。

诀窍： 水果摆设要有创意，鲜奶油挤在水果之间更显美丽。

味道： 柔顺香甜。

材料： 碎冰适量、冰咖啡1杯、棕可可酒（Brown Creme De Cacao）1/3盎司、香草冰激凌1球、综合水果（或罐头）适量、鲜奶油适量。

程序： 杯中先放入5分满碎冰，再倒入已加糖的冰咖啡、1/3盎司棕可可酒、1球香草冰激凌及综合水果罐头适量，上面再旋转加入一层鲜奶油即可。

适合饮用时间： 全天

爱情故事咖啡

“爱情酒、不要喝得太多……”像这首回荡在耳边的歌曲一般，本咖啡浓烈香醇，足以使人头晕目眩！

特色： 混合烈酒与香甜酒，将咖啡的风味充分激发，浓烈的劲道，适合喜爱冒险刺激的人饮用，保证终生难忘。

诀窍：可依客人口味浓淡，增减配酒分量，变化随意，自成一格。

味道：浓苦、香醇

材料：卡布基诺咖啡1杯、咖啡酒（Kahlua）1/4盎司、棕可可酒(BrownCremeDecacao）1/4盎司、伏特加（Vodka）1/4盎司、糖包。

程序：卡布基诺咖啡中加入咖啡酒1/4盎司、棕可可酒1/4盎司、伏特加1/4盎司、附糖包即可。

适合饮用时间：晚餐后、午后

生姜咖啡

使用新鲜辛辣老姜搭配咖啡，其刺激性可御寒发热。不但具有药效，风味也堪称独一无二。

特色：使用新鲜辛辣老姜片，更具有辛辣的特性，其刺激性可御寒发热。

诀窍：老姜片要切得很薄。

味道：辛辣香浓。

材料：热咖咖1杯、生姜1～2片、糖包。

程序：热咖啡1杯约八分满，加入1～2片生姜薄片，附上糖包即可。

适合饮用时间：晚上、餐后

热情咖啡

点燃火焰后送桌，相当新鲜刺激、浪漫迷人。喝前享受调制乐趣，喝后享受劲道快感。

特色：浪漫迷人的品饮风情，非常具有享受生活的快感。

诀窍：柠檬片要切得很薄，并马上点火、不可有风。柠檬片不可浸泡太久，须尽快取出。

味道：苦、醇、烈、酸

材料：热咖啡1杯、柠檬片、白兰姆酒（Rum）1/2～1/3盎司、糖包。

程序：热咖啡1杯约七分满，上放1片柠檬片，再淋下1/2～2/3盎司白兰姆酒（Rum），点火送桌并附上糖包。

适合饮用时间：餐后、夜晚

绿茶咖啡

具有健康取向的新流行咖啡，带着淡淡的绿茶香，颇具东洋风味，你不妨也来试试看！

特色：采用日本进口绿茶粉，带有独特绿茶香及甘甜味。

诀窍：绿茶粉具保健疗效，分量可随意增减。

味道：苦、醇、香

材料：浓咖啡1杯、糖包、鲜奶油适量、绿茶粉末少许。

程序：浓咖啡1杯约八分满，上面旋转加入一层鲜奶油，再洒上少许绿茶粉末，附上糖包即可上桌。

适合饮用时间：全天

十二星座与咖啡

水瓶座（01/21–02/19）

水瓶座是标准的仁道主义和博爱论者，对喜欢挑战和变化的水瓶人来说，一成不变是生活最大的致命伤，崇尚自由和天马行空则是这个星座最明显的两大特色。对相交满天下的水瓶座而言，即使喝一杯咖啡也应该有不断的变化，摩卡可可咖啡就很值得一试……咖啡杯中先放砂糖，倒入热咖啡，再加入巧克力和牛奶拌匀，加上鲜奶油，再在鲜奶油上加上薄薄的巧克力碎片。

双鱼座（02/20–03/20）

生活在大海洋里的双鱼座，融合着多重的矛盾与冲突，她是半天使半魔鬼的综合体，温和、软弱、好幻想、敏感集于一身。鱼座天生对醇酒美食没有抵抗力，又特别容易沉溺于某种嗜好，即使是咖啡，也很可能酗喝成瘾，因此我们建议鱼座的朋友，不妨喝最温合的法式牛奶咖啡……二分之一的热牛奶，兑上二分之一的纯咖啡，让温柔的牛奶减轻咖啡因的杀伤力。

牡羊座（03/21–04/20）

爱恨分明的牡羊，有着天生的侠义心肠，生命力特别旺盛，绝不会轻言退缩。喜欢迎向挑战的个性，让他们像离了弦的箭笔直地朝红心飞去，为了配合白羊急促的脚步，一杯热情洋溢的意大利式咖啡（Expresso）是最理想的选择。煮得快，喝得快，浓郁滚烫的Expresso，最能为牡羊停不下来的冲劲加油！6～8克深炒意大利咖啡豆，磨到最细，用意大利咖啡机煮出五十毫升小杯量的小杯黑咖啡。

金牛座（04/21-05/21）

绝对美食主义的金牛座，追求品味一向不遗余力，他们对精致的食物，好质感的衣服，都有直觉的敏感，所以最适合金牛的咖啡，是来自于牙买加1 200米高山上的蓝山咖啡……买一罐真品蓝山回家，以手磨机磨碎直接煮成黑咖啡，不加糖不加奶精，才能喝出蓝山最细致的风味。

双子座（05/22-06/21）

行动力强的双子座，很容易给人一种“行如风”的感觉，因为他的一切行为太快了，脑筋动得快，步调快，说话快，反应快，连推翻自己的速度也快，这世上的流行时髦趋势大多是为双子准备的，他们喜欢一切的新鲜的事物，如果要选一种最适合双子的咖啡，口味多变又是新时尚的调味咖啡最恰当不过了……调味咖啡的口味最变化多端，主要是在咖啡上头，调上各种水果、核果或香料味道，从巧克力、杏仁到薄荷，有上百种选择。多面性格的双子，不妨从琳琅满目的口味中寻找自己最喜欢的味道。

巨蟹座（06/22-07/22）

保守而敏感的巨蟹，是天生的收藏家，他们孜孜不倦地收集生活里的一切东西，从钱财、照片、衣服到一双磨穿了底的破鞋。念旧的巨蟹们，几乎舍不得丢掉他身边任何一样东西，对这样节俭而保守的巨蟹来说，无论苦酸醇浓郁恰到好处的综和咖啡，显然能满足他的需求……每一家不同的综合咖啡，风味各异，无论以蒸馏，滤纸手冲或电咖啡壶，都可以得到不错的效果，喝时不妨调入一些奶精和糖。

狮子座（07/23–08/22）

就像七月骄阳一样，狮子是十二个星座中是最显赫尊贵的一个星座，喜欢受人膜拜的狮子座，霸道，慷慨，热情、自信都是他向外辐射的光环，像这样一个小太阳似的星座，最适合喝饮用前要先在咖啡上燃烧起火焰的“黄金咖啡”，据说狮子座英雄拿破仑就最爱喝这种咖啡……先在咖啡杯中倒入刚煮好的热咖啡，在杯上放一把特制汤匙，汤匙上放上浸过白兰地酒的方糖，关掉灯以火柴点燃方糖，美丽的淡蓝色火焰开始燃烧，等火焰熄灭后把糖放入咖啡中搅拌。

处女座（08/23–09/23）

处女座是标准的完美主义者，这个星座的人似乎都有无可救药的洁癖，喜欢杞人忧天，忧心忡忡的时间比别的星座都来得多，“先天下之忧而忧，后天下之乐而乐”，正是形容这个星座的人。为了帮助处女座松弛过于紧绷的神经，建议他喝“玛莎克兰咖啡”……将热咖啡、砂糖和红葡萄酒一起放在锅内加热，倒入咖啡杯中后放一片柠檬片与肉桂棒，喝的时候以肉桂棒代替汤匙搅拌。

天秤座（09/24–10/23）

天秤座的个性非常，反映在他们的星座象征上，就是一个永远在追求平衡的秤座，信奉“一切以和为贵”道理的天秤座，也是一个美的星座，他们对于艺术、服饰、布置都有独到的品味。面对这样一个星座，纯美的维也纳咖啡显然是理想的选择……在煮好的综合咖啡上，挤上打发的鲜奶油。

天蝎座（10/24–11/22）

将至善与邪恶藏于一身的天蝎座，强烈是性格中根深蒂固的一部分，但是敏感的蝎子，却常常喜欢隐藏内心燃烧的烈焰，在脸上覆盖一层冷漠的面具，面对这样一座冰冻火山，神秘的Cappuccino咖啡最能抓住蝎子的矛盾。两断式口感的Cappuccino，舌尖初遇的是甜美新鲜的牛奶，接下来变成魔鬼般强烈的Expresso。三分之二的意大利Expresso咖啡，面上是三分之一以蒸气打泡的新鲜牛奶，还可以撒上少许迷人的肉桂粉。

射手座（11/23–12/21）

只要想像一下在原野上奔跑的马匹，就不难理解为什么射手座的人会这样崇尚自由，他害怕任何繁琐的小事，认为这些芝麻绿豆的小事，会像绳索一样束缚自己。此外，他也是天生的赌徒，赌性坚强是他打娘胎里就带来的最佳筹码，对于这样一位勇敢的赌徒，一杯加了威士忌的“爱尔兰咖啡”最能迎合他奔驰的想像力……把糖和一盎司的爱尔兰威士忌放入咖啡杯中，倒入热咖啡使糖融化，然后再在咖啡上加入鲜奶油。

摩羯座12/22-01/20）

坚忍不拔、脚踏实地是用来形容摩羯的最好句子，这个星座的人律己甚严，对任何事都一丝不苟。老学究的个性，使他们做起任何事来都一板一眼，因此在摩羯座的生活中找不到所谓的嬉戏和散漫，这样稳扎稳打的个性，在选择咖啡时，最适合的是又苦又香又醇的曼特宁，像一首低回的大提琴……不加糖，只加少许奶精，细品曼特宁的醇厚滋味。

咖啡淑女

行为礼仪

去咖啡馆品尝咖啡，对法国人来说是每天的例行公式之一，去咖啡馆的目的，绝大多数只是聊天，以轻松为尚。

但是在上流人士常去的咖啡馆中，个人的风度和服装就很重要了。有一些不成文的咖啡传统礼仪，也许是重要的，例如不可一直端着杯子说个不停，或者端着咖啡满屋跑，此时应将杯子放下；还有，在没征得别人允许之前，不可替别人的咖啡加糖或奶精，在未征得女主人同意之前，不可为自己或别人斟咖啡，因为这是女主人的义务和权利。

在餐馆喝Cappucciono时，最好用汤匙将奶泡与咖啡混合，先尝泡奶，再尝咖啡，这样才不致喝完Cappucciono

后，变成“大胡子”。如果首次应家庭式的咖啡之邀，至少要带花束去，一切心意都在花中，不需另外表明了。

如何欣赏一杯好咖啡

咖啡的美味总是与温暖的心意并存的，以正确的方式欣赏一杯好咖啡，不仅更容易欣赏咖啡的美味，也不至于辜负冲泡者的心意。一杯好咖啡，应该是清澈明亮和透明度良好的。浓度与混浊是不同的，一般来说，造成咖啡混浊的原因，不外乎下列几项：

◎混入有缺点的咖啡豆

◎烘焙不良

◎咖啡豆或粉放得太久

◎冲泡过剩（冲泡温度太高、冲泡时间过长、冲水方式太粗暴……）将汤匙放入好的咖啡时，汤匙会被反射得闪闪发光；然后舀一汤匙起来滴回去，会发现在滴落的那一瞬间，咖啡液会形成宝石般的珠形，这才称得上是一杯润泽透明的咖啡。

喝咖啡步骤

1. 先喝一口冷水，让您的口腔完成清洁。

2. 喝咖啡请趁热，因为咖啡中的单宁酸

很容易在冷却的过程中起变化，而使口味变酸，影响咖啡的风味。

3. 喝一口黑咖啡，你所喝的每一杯咖啡都是要经过五年生长才能开花结果的，经过了采收、烘焙等等繁复程序，再加上煮咖啡的人悉心调制而成。所以，先趁热喝一口不加糖与奶精的“黑咖啡”，感受一下咖啡在“未施脂粉”前的风味。然后加入适量的糖，再喝一口，最后再加入奶精。别忘了先尝一口纯咖啡哦！

4. 正式开始喝咖啡之前，先喝一口冰水，冰水能使咖啡味道鲜明地浮现出来，让舌头上的每一颗味蕾，都充分做好感受咖啡美味的准备。

5. 适量的饮用，咖啡中含有咖啡因，所以一定要适量地喝！

依照上述的过程享受一杯好咖啡，不仅能体会咖啡不同层次的口感，而且更有助于提升鉴赏咖啡的能力哦！

异国咖啡风情

美国：百无禁忌美式风

美国人喝咖啡，像进行一场不需要规则的游戏，随性放任，百无禁忌。欧洲人冲调咖啡时的种种讲究，美国人是不屑一顾的。美国人喝咖啡喝得自由，咖啡也同时深入他们的生活中难以分离，影响之深甚至到达没有咖啡不算生活的地步。据说第一次载人类上月球的阿波罗十三号宇宙飞船，在归航途中曾经发生生死攸关的故障，当时地面人员安慰三位航天员的一句话就是：加油！香喷喷的热咖啡正等着你们归来。不论在家里、办公室、公共场合还是路边自动贩卖机，美国人几乎一天二十四小时都离不开咖啡。美国人喝掉了世界咖啡生产量的三分之一，是全球咖啡消耗量最大的国家。

一般而言，美国生活比较忙碌紧张，不像欧洲、中东人那样能悠闲地享受生活，表现在喝咖啡上，经常就是一大壶电热过滤式咖啡，从早到晚，由于水加得多，咖啡少（一杯十克的咖啡量兑两百毫升的水），滋味特别淡薄，因此有人批评美式咖啡实在难喝。其实，在美国各地，咖啡嗜好者只要多费点心力，还是可以品尝到自己喜爱的咖啡口味的。美式咖啡分为浓淡两大类，美国东岸比西岸喝得浓，南方又比北方浓。以民族而言，南欧及拉丁裔比英、德、北欧移民较嗜好浓烈咖啡。

另外，美国虽然是最大的即溶咖啡外销国家，但美国本身喝即溶咖啡的人却不多。近年来他们日益重视饮食健康，市场上无咖啡因的咖啡（Coffeeineless Coffee）的销路渐增，而喝咖啡不加糖的风气也越来越普遍。

土耳其：摄人心魄土耳其

咖啡在中东古国，宛如一千零一夜里的传奇神话，是蒙了面纱的千面女郎，既有利于亲近神，又是冲洗忧伤的清泉。要说咖啡，不能不提中东（土耳其）咖啡，因为无论从伊斯兰教或是基督教立场上说咖啡起源，它的故乡都是在遥远神秘的中东山上。经过13到15世纪长达300年的伊斯兰教宗教界禁止，咖啡于16世纪正式传入土耳其，开始商业化，并且迅速传至欧洲大陆。这种盛行于希腊、东欧、中东、北非等地的咖啡，被称之为土耳其咖啡或阿拉伯咖啡，其饮用法至今仍保持着早期宗教仪式的神秘感。传统土耳其咖啡的做法，是使用烘培热炒的浓黑咖啡豆磨成细粉，连糖和冷水一起放入红铜质料像深勺一样的咖啡煮具里，以小火慢煮，经过反复搅拌和加水，大约20分钟后，一小杯500毫升又香又浓的咖啡才算大功告成。

由于当地人喝咖啡是不过滤的，这一杯浓稠似高汤的咖啡倒在杯子里，不但表面上有黏黏的泡沫，杯底还有渣渣。在中东，受邀到别人家里喝咖啡，这是主人最诚挚的敬意，因此客人除了要称赞咖啡的香醇外，还要切记即使喝得满嘴渣，也不能喝水，因为那暗示了咖啡不好喝。阿拉伯人喝咖啡，喝得慢条斯理，它们甚至还有一套讲究的咖啡道，就如中国茶道一样，喝咖啡时不但要焚香，还要撒香料、闻香，琳琅满目的咖啡壶具，更充满着天方夜谭式的风情。一杯加了丁香、豆蔻、肉桂的中东咖啡，热饮时满室飘香，难怪阿拉伯人称赞它“麝香一般摄人心魂”了。

意大利：热情洋溢意大利

到意大利观光要小心两件事：一个是男人，一个是咖啡。在意大利，咖啡和男人其实是异曲同工的两样东西，因此意大利有一句名言：男人要像好咖啡，既强劲又充满热情！

英文名称为Espresso的意大利咖啡，近年来已经普遍为爱好国内咖啡的人所熟知，这种又浓又香，面上浮着一层金黄泡沫的纯黑咖啡，浓稠滚烫好似地狱逃上来的魔鬼，每每叫人一饮便陷入无可言喻的魅力中，难以忘怀。

意大利咖啡的特色，表现在它的英文名字上，就是一个快字；做得快——不超过十秒钟，喝得也快——因为只有两三口。一般意大利人起床第一件事就是马上煮一杯咖啡，不分男女几乎从早喝到晚，街上到处可见叫做BAR的咖啡小店，一杯四百里拉左右，供人站着一饮而尽。

意大利人平均一天要喝二十杯咖啡，调制意大利咖啡的咖啡豆是世界上炒得最深的一种豆子，这是为了配合意式咖啡壶瞬间萃取咖啡的特殊功能。由于一杯意式咖啡的分量只有500毫升，只要6～8克咖啡豆便够了，因此这种看起来很浓的咖啡，其实一点不伤肠胃，甚至还有助于消化呢！意式咖啡还有一种加了牛奶的喝法，叫做Cappuccino，利用意式咖啡壶130℃以上的蒸汽，先将牛奶打成泡沫，再漂浮在浓黑的咖啡上。甜美的新鲜牛奶，纯白可爱；迷人的Espresso魔鬼在它的点缀之下，顿时就化为美妙的天使了！

中北欧：温和理智中欧式

不像意大利人那么热情如火，也不像法国人那么浪漫似水，中北欧一带的人喝咖啡，喝得理智又温和，正像他们一板一眼的民族性一样。欧洲人的生活与咖啡，几乎已经结成密不可分的环节，除了意大利和法国一带与众不同的咖啡喝法，奥地利、瑞士、德国以及北欧几个国家，品尝咖啡的习惯与口味可以说是大同小异，他们深得中庸之道，完全属于中浓度口味。

中北欧人民在家煮咖啡最常使用的大多是简便的手冲式滤纸咖啡壶和常见的家庭用电热咖啡壶。其中，滤纸冲泡咖啡法就起源于中欧，是德国人Merita夫人在20世纪初发明，并在欧陆各国广为流传的。但在营业场所，由于需要大量快速供应咖啡，还是Espresso咖啡机的天下，只不过使用的咖啡豆口味不同。在这些国家，他们把咖啡、糖、奶三项分得很清楚，许多咖啡馆的价目表上都列出黑咖啡与加奶咖啡的不同价格，有些甚至连分量也列入价格差别之中。中欧一些国家——像奥地利、瑞士——点心做得有名，花样繁出的各式糕点，理所当然也成为咖啡桌的风景。

近几年来，北欧四国人民平均的咖啡饮用量一直名列全世界前四名（每人每年一千杯以上），他们对咖啡的钟爱，用巴哈一出歌剧中的一段唱词形容最为恰当：这么美妙的咖啡，比一千次香吻更甜美，比陈年佳酿更醉人！

调制最经典的咖啡

卡普奇诺

这种咖啡，颜色好像意大利修道士戴的头巾，所以定名为卡普奇诺（加奶油块的咖啡）。伴有肉桂棒，再淋上柠檬汁，显示出复杂的风味。

配制方法：把深煎炒的咖啡预先加热，倒入小咖啡杯里，加2小匙砂糖，再加1大匙奶油浮在上面，淋上柠檬汁或橙汁，用肉桂棒代替小匙插入杯中。

摩卡咖啡

摩卡咖啡在小巧的杯中显出浓厚的纽约风味。

配制方法：在杯中加入巧克力糖浆20毫升和很浓的深煎炒咖啡，搅拌均匀，加入1大匙奶油浮在上面，削一些巧克力末作装饰，最后再添加一些肉桂棒。

摩卡薄荷咖啡

“在冷奶油上倒上温咖啡”冷奶油浮起，成冷甜奶油，它下面的咖啡是热的，不加搅拌让它们保持各自的不同温度，喝起来很有意思。这是美国人爱好的巧克力薄荷味咖啡，薄荷味和咖啡相称地调和酿造出来。

配制方法：在杯中依次加入20克巧克力、深煎炒的咖啡、1小匙白薄荷，再加1大匙奶油浮在上面，削上一些巧克力末，最后装饰一片薄荷叶即成。

椰子汁加奶油块的咖啡

带有强烈椰子香味的香味咖啡。

配制方法：先在杯中滴上2滴椰子香精，注入深煎炒的咖啡和煮沸的牛奶60毫升，再加一匙奶油浮在上面，撒上一些熟椰子末作装饰即可。

冰冻奶油块咖啡

冰冻奶油块咖啡，是不加冰块的，而是冰镇过的。这里介绍用咖啡制成冰加入的美式饮用方法。

配制方法：在玻璃杯中加入咖啡制成的

冰块，倒入加糖煮沸的牛奶，从上面慢慢注入冰冻咖啡，这时牛奶和咖啡分成两层。牛奶泡沫在最上层，撒一些肉桂粉作装饰。

那不勒斯风味咖啡

很苦很热的早晨咖啡，美国的年轻人更喜欢叫它“黎明咖啡”。

配制方法：在有把儿的杯中注入深煎炒的咖啡，然后在表面放上一片柠檬，摸黑喝下。

热的摩加佳巴

俄式咖啡也叫热的摩加佳巴，具有浓厚的咖啡味。

配制方法：将深煎炒的咖啡、溶化的巧克力、可可、蛋黄和少量牛奶在火上加热，充分搅拌，加入1小匙砂糖，搅拌均匀后，倒入杯中，加1大匙奶油浮在上面，削上一些巧克力末作装饰。

印第安咖啡

印第安咖啡购买成对有把儿咖啡杯，或是按所喜欢的商标品牌一个一个购买。单个收集时，首先要确定好主题，再按颜色花纹来购买，也可成为收藏展品。稍加一点盐，会提起牛奶的纯甜味。端起有把儿咖啡杯喝这种咖啡，全身都会暖和起来。

配制方法：将牛奶倒入锅里加热，在牛奶沸腾前倒入深煎炒的咖啡和红砂糖10克，再稍加点盐，充分搅拌。

土耳其咖啡

土耳其人在喝完咖啡以后，总是要看看咖啡杯底残留咖啡粉的痕迹，从它的模样了解当天运气。

配制方法：在奶盆里倒入研细的深煎炒咖啡和肉桂等香料，搅拌均匀，然后倒入锅里，加些水煮沸3次，从火上拿下。待粉末沉淀后，将清澈的液体倒入杯中，这时慢慢加入橙汁和蜂蜜即成。

混合咖啡

将等量的咖啡和牛奶混合在一起，成为维也纳风味的牛奶咖啡。

配制方法：先在杯中加入稍深煎炒的咖啡，将等量的牛奶倒入奶锅，用小火煮沸，起泡前加入奶油，不要等泡沫消失就倒在咖啡上。

当嘴唇邂逅咖啡

品咖啡不但是用舌头去感受它的滋味，而且是享受那种在口里的芳醇，除此之外，还要看喝咖啡时的身体情况、周围的气氛等。总之，品咖啡是一件非常微妙的事情。到差一点的咖啡店喝咖啡时，有时会喝到近乎半冷的咖啡，像这样不管咖啡豆的品质多好，冲泡技巧如何高明，都会失去喝咖啡的胃口。“趁热喝”是品美味咖啡的必要条件，即使是在大热天饮热咖啡，也是一样的。咖啡冰凉时，味道就会降低，所以冲泡咖啡时，为了不使咖

啡的味道降低，要事先将咖啡杯在开水中泡热。咖啡的适当温度在冲泡的刹那为83℃，倒入杯中时为80℃，而到口中时的温度为61～62℃，最为理想。

品美味咖啡不但要注重适当的温度，还要有适当的分量。喝咖啡不像喝酒或果汁，满满一杯的咖啡，看了就失去喝的兴趣。一般七八分满为适量，分量适中的咖啡不仅会刺激味觉，喝完后也不会有“腻”的感觉，反而回味无穷。同时，适量的咖啡能适度的减轻身体的疲劳，使头脑清爽。咖啡的味道有浓淡之分，所以，不能像喝茶或可乐一样，连续喝三四杯，而以正式的咖啡杯的一杯最为好。一般喝咖啡以80～100毫升为适量，有时候若想连续喝三四杯，这时就要将咖啡的浓度冲淡，或加入大量的牛奶，不过仍然要考虑到生理上需求的程度，来加减咖啡的浓度，也就是不要造成腻或恶心的感觉，而在糖分的调配上也不妨多些变化，使咖啡更美味。

维也纳的咖啡情调

维也纳人喜喝咖啡，甚至把它和音乐、华尔兹相提并论，称为“维也纳三宝”。有人说，维也纳是“五步一咖啡”，这也许是诗人的夸大之辞，但维也纳咖啡馆数量不菲却是事实。从街角供人们站着喝的咖啡亭、大学附近学子聚集的咖啡店，到剧院旁、皇城边富丽豪华的咖啡厅，少说也有几十家，有的咖啡屋早晨6点半即开张，直到凌晨2点才打烊。因此，说“音乐之都”的空气里不仅流动着音乐的韵律，而且弥漫着咖啡的清香，一点也不为过。

喝咖啡在维也纳已成为生活的一部分，在一种悠闲的气氛中，人们只要付一杯咖啡的钱，就可以在咖啡馆会友、下棋、看书、写书、读报（通常会提供许多国家的报纸），或在一个不显眼的角落里看电视。某些咖啡店有自己的一类顾客——作家或政治家等，大多数咖啡馆里则是各类顾客云集。

维也纳最出名的咖啡馆是位于市中心区的中央咖啡馆。第一次世界大战前，这里一直是著名诗人、剧作家、艺术家、音乐家、外交官们聚会的地方。有人说这里是奥地利许多诗歌、剧本、小说的摇篮，这也许有些夸张，但是当年音乐大师莫扎特、贝多芬、舒伯特、“圆舞曲王朝”施特劳斯父子等都是这里的常客。今天的中央咖啡馆生意十分兴隆，但不管里面多么拥挤，客人还是想呆多久就可以呆多久，这是维也纳咖啡馆百年不变的传统。在维也纳还有许多知名度很高的咖啡馆，他们总是与一些过去或现在的知名人士有着密切关系。维也纳人喜欢如数家珍地告诉游人，哪些艺术家和作家在哪一家咖啡馆经常聚会，哪些政治家爱在哪一家咖啡馆与记者们见面。

维也纳咖啡种类繁多，从清咖啡到各种成色的加奶咖啡，各有特色，适合不同人的口味，而且都有各自的名称。所以，步入维也纳咖啡馆，如果简单地说要一杯咖啡，会使服务员不知所措，因为咖啡至少有40个品种。如果对咖啡知之不多，而又想体验维也纳咖啡馆这种独特的氛围，那就点Melange，这种浓奶咖啡是完全维也纳式的，而且回味无穷。无论你要哪一种咖啡，你都会同时得到一杯水——没什么原因，只因为维也纳的水特别清凉可口。但如果服务员给客人送去第二杯水，则示意“您在这里停留的时间太长了”。

维也纳人喜甜食，他们多喜欢在点上一杯咖啡的同时，再添一块精致的甜点。咖啡馆备有报纸、画报、杂志供读者阅览是维也纳咖啡馆的一大文化特色。据说在咖啡还没有被人广为接受的时候，维也纳不少咖啡馆不得不以免费提供报纸来吸引顾客，因为当时报纸很贵，一份报纸的价钱比一杯咖啡贵两倍。当然，报纸的这种招待作用在今天已不复存在，但这种做法却保持下来，构成维也纳咖啡屋的文化品味。

沉浮与梦想

咖啡壶里煮的是沉浮，咖啡杯里盛的是梦想，而咖啡馆里氤氲飘渺的芬芳，足以包容世间的沧桑，是一处心灵停靠的港湾。对于大多数中国人来说，咖啡是一种时尚标签。它不仅仅是一种点缀饮品，更是一种生活方式。如果你具有浓郁的咖啡情结，那就和朋友一起——相约浪漫咖啡屋。

“我不在家，就在咖啡馆；不在咖啡馆，就在去咖啡馆的路上。”这句关于咖啡文化的经典写照，略显夸张地描述了法国人的咖啡情结。而这个流行句式传到中国，“咖啡馆”被换成“星巴克”，摆出一副美国pose。

咖啡馆是一个城市的客厅。世界上惟一不以咖啡作饮料的大国就是中国。因为在国人看来，茶为正宗，而咖啡只算舶来品。

茶喻人生，咖啡若梦。咖啡可以在几分钟或仰脖间一饮而尽，而中国茶则可以不断续水冲泡，喝上几个小时没问题，因此就饮品本身的消费方式而言，喝咖啡似乎更具有西式的贵族品质。

20世纪70年代，咖啡在中国仍停留在“贵族”阶段。一些大饭店的咖啡厅，主要是为住店的外宾准备的。80年代，人们开始认识了“麦氏”与“雀巢”速溶咖啡，像“滴滴香浓，意犹未尽”、“味道好极了”这样的广告词，是咖啡留给中国人的总体印象。90年代后期，星巴克传入中国时，中国人喝咖啡的兴趣已日趋高涨。对于大多数中国人来说，咖啡代表着一种情调，一个时尚标签。它不仅仅是一种点

缀饮品，更是一种生活方式。与其说喝咖啡是为了品尝它的味道，不如说是品尝一种文化、一种神秘暧昧的感觉。

来自中国市场数据库CMDB的调查数据也显示，教育水准、家庭月收入和饮用咖啡的频率呈现显著的正相关：小学程度的城市居民喝速溶咖啡的比例只有8.1%，初中程度的有27.7%，高中程度有24.2%，中专、技校程度的有27.8%，大专程度的有32.5%，而大学以上程度者喝咖啡的比例则上升到最高点，达35.8%。重度、中度或轻度消费者的比例，都有随教育水平而提高的现象。家庭月收入在1999元人民币以下的居民，只有7.9%有饮用咖啡的习惯，但月收入8 000元以上的家庭，饮用咖啡的比例却高达42.5%。

曾听说法国人一度因咖啡缺货而少喝了咖啡，大街上打盹的人立刻多起来。说来虽然夸张，但事实的确与此相似："海湾战争"爆发后，法国人担心战争影响日用品供应，纷纷跑到超级市场抢购"紧缺物资"，而他们拿得最多的竟是咖啡和糖！此事曾一度被传为笑谈。除了精神层面的妙趣外，单从生理角度说，咖啡有提神、瘦身的功效，甚至美国研究人员对744对夫妻进行调查发现：咖啡因具有刺激脑部中枢神经系统、加快心跳及血液循环的奇效，男士常喝咖啡，可以起到天然伟哥的作用！

不由地想起咖啡初抵意

大利时，许多保守的神职人员称之为“撒旦的杰作”，但教皇克雷门八世亲自啜下一口咖啡后，情不自禁地感叹说：“让咖啡受洗成上帝的饮料吧！”

咖啡壶里煮的是沉浮，咖啡杯里盛的是梦想，咖啡桌上弥漫着人生的哲学，而咖啡馆里氤氲飘缈的芬芳，足以包容世间的沧桑，是一处心灵停靠的港湾。

咖啡虽好，不要“贪杯”

现在，咖啡成了一种时尚饮料，咖啡馆越开越多，年轻人都喜欢去咖啡馆聚会，咖啡也成了不少家庭的必备饮品。传说中的咖啡具有提神醒脑、强筋骨、利腰膝、开胃主食、消脂消积、利窍除湿、活血化瘀、熄风止痉、喜悦颜色、清肺定喘、燥湿除臭等十大功效。然而，健康专家却建议那些喜欢喝咖啡的人和那些交际特多的人不要过多地饮用咖啡，以一天2～3杯为宜，从原则上来讲，不管哪一种刺激性饮料均以每天不超过3杯为佳。

加拿大研究人员最近发现，咖啡因对那些胰岛素本来就不够的人有不良影响。研究人员发现，咖啡因对潜在的2型糖尿病患者有不良影响，可能引发2型糖尿病。2型糖尿病是加拿大最普遍的糖尿病，占所有糖尿病患者的90%。

美国科学家还通过调查发现，吸烟者若每日饮3杯或更多的咖啡，能使他们患胰腺癌的可能性增加4倍。咖啡因对正常细胞有不良的影响，它可促使细胞老化，美国学者经过流行病学调查和研究，确认咖啡是一种有潜在危险的饮料，认为咖啡因对胰腺癌的形成有不可忽视的影响，常饮咖啡的人比不饮咖啡的人患胰腺癌的可能性大2～3倍，目前，美国每年大约有2万人死于胰腺癌，其中至少有半数以上是由于饮用咖啡而引起的。

美国哈佛大学的研究人员发现，饮咖啡的人较易得膀胱癌，尤其是对女性危害更大，如果将每日只饮半杯或不饮咖啡者患膀胱癌的危险性定为1，那么在每天喝3杯咖啡以上的人中，男性患膀胱癌的危险性为1.31，女性患膀胱癌的危险性为2.19。日本的科研报告也称，男性胃癌的一些患者中，不少人喜欢饮用咖啡。

咖啡何以能致癌？目前有几种推测，一是认为咖啡的主要成分咖啡因起诱发肿瘤的作用；另一是认为在制造咖啡的工艺过程中，产生类似罂粟样物质，后者有致癌作用。

根据国际上早先公布的研究结果，孕妇如饮用咖啡或其他含咖啡因的饮料，容易流产，即使不流产，生产的胎儿体重也有可能较轻。然而，这个结果目前也有争议。瑞典研究人员最近获得的调查结果证明，孕妇少量饮用咖啡或其他含有咖啡因的饮料可能不会对胎儿造成什么危害。瑞典卡罗林斯卡医学院的研究人员是在对瑞典首都斯德哥尔摩附近乌普萨拉地区的900名产妇调查之后得出这一结论的。不过，大多数研究人员都承认孕妇不宜多喝咖啡。

咖啡中所含的咖啡因成分，具有轻度中枢神经刺激作用，适当饮用可减轻疲劳感、增强记忆、推理及智力，听觉及视觉反应也变得敏锐。同时，长期吸收过量咖啡因可能引发高血压。有报告显示，曾有19名自愿接受试验者，吃了一颗500毫克咖啡因药丸（相当于5杯咖啡）之后，血压都有一定程度的增高。国际医学界近来也深入探讨咖啡对骨质疏松症、高血压、心脏病、减肥、怀孕及早产等健康问题的可能影响。

咖啡因虽然并非是让人上瘾的“毒品”，但专家认为，要戒掉咖啡因不能过于突然，以免引起类似偏头痛的毛病或是引发脾气暴躁。要戒掉咖啡，最好采取渐进方式，每天减一些，直到减少到3杯以下为止。减量期间若感到头痛，暂时还是维持现量，不痛了再继续减。

咖啡美肤DIY

咖啡因是咖啡中的核心成分，虽然在营养学的领域里倍受争议，但却是热门的纤体护肤品的主要功能性成分。将咖啡因的萃取物，加入护肤品配方，渗透至肌肤深层的有效成分能够刺激脂肪细胞的消化排遣，使臃肿的体态得以减轻。

咖啡除皱面膜

功效： 让肌肤更富有弹性、更光滑，除皱、预防皱纹产生。

材料： 蛋黄1个、蜂蜜1匙、面粉1匙半、咖啡粉2钱。

制作方法： 1. 将脸部清洁干净。

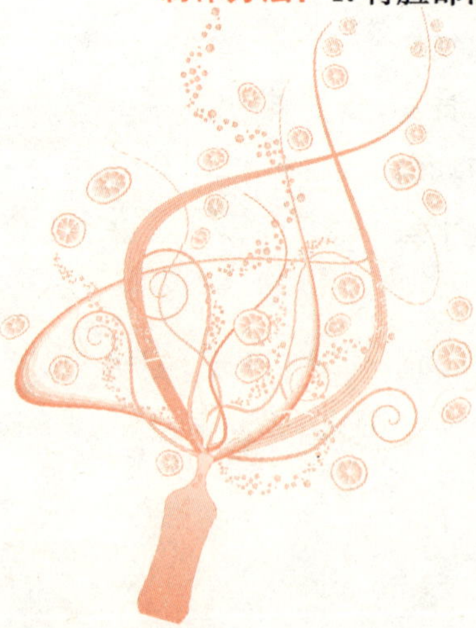

2. 将上述材料充分搅拌均匀，敷于脸部。

3. 约10～15分钟后，用温水洗净。

4. 轻轻按摩脸庞，使脸部微热，以化妆水轻拍即可。

咖啡美白面膜

功效： 润肤除皱，使松弛皮肤紧绷，淡化黑斑，让肌肤白皙亮丽。

材料：杏仁适量、咖啡粉适量、蛋白1个。

制作方法：1. 将杏仁以热水泡软，捣成泥。

2. 将杏仁泥和咖啡粉、蛋白均匀搅拌，放入密闭瓶中。

3. 每晚睡觉前，均匀涂于脸部。

4. 隔天醒来，再用温水洗净。

其他咖啡美肤法

1. 咖啡熏蒸醒肤法：将咖啡作成小茶包，放入面部熏蒸仪器的水槽里，使生成的水舞中含有咖啡因的清香和养分，熏蒸10分钟，一天的疲容尽数逃走。无论是加班还是约会，肌肤和头脑都会重新振作。

2. 咖啡瘦脸按摩法：在按摩膏中调入适量的咖啡粉末，以轻盈的手法按摩颈部，下颌至脸颊的区域，每天坚持15～20分钟，对收紧脸颊和双下巴十分有效。

养颜花草茶

Yang Yan Hua Cao Cha

花草茶相较于茶，它的组成更具变化，单一材料品自有其独特的味道，而混合材料饮品则具有品味丰富的口感。更重要的是，它具有养颜的奇特功效。

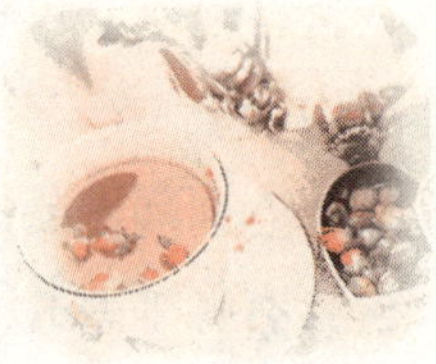

初见花茶

花草茶最简单也最普遍的饮用方式还是冲泡后饮用。花草茶不含咖啡因，低单宁，低热量，又富含有益成分。就各种花草茶的色泽而言，由透明无色近乎到黑色，包含红、橙、黄、绿、蓝、靛、紫深浅不一的色彩（以浅色居多）。而它的香味，由于所含芳香油的缘故，无论是温和清新，或是强烈扑鼻，都各具特色且闻后让人感觉非常愉快。

至于花草茶的滋味，有的清纯淡雅，有的香醇爽口，也有的酸甜兼容，甚至甘中微苦。如薰衣草、锦葵、柠檬马鞭草等，都是色香味俱全的花草茶。很多花草茶，能缓解压力、帮助睡眠或提神、助消化，使人身心愉快。长期饮用的益处则是温和调节生理机能，对于易感冒及患有慢性病的人，能从根本上改善体质。而且绝大多数花草茶不具副作用。当然，花草茶的疗效不如药草茶，必须连续饮用几周才能见效果。不用担心喝多了而导致药量太过，一天的饮用量也没有限制。

花草茶相较于茶，它的组成更富变化，单一材料饮品自有其独特的味道，而混合材料饮品则具有品味丰富的口感。混合花草茶通常是为了调和味道以易饮用或达到某种疗效，所以内容物的口味互补或保健特性类似。混合饮品包括混合花草、混合花果、混合花果与茶叶（又称为加味茶）等形态，赋予它们浪漫的名称。再者，花草茶的原料可以是干燥的，也可以是新鲜的。许多人在自家庭园中栽种药草，收获后趁新鲜即用来泡茶，或先行干燥以备它日冲泡。市面上出售的花草茶原料多为干货，且以全型为主（指近似新鲜时的外形）。而花草袋茶相对而言全型的则较少，因为茶袋必需使味道迅速释出，通常采用碎型花草为原料。这类原料在切割过程中发生氧化作用，导致内含的芳香油有所损失，茶的风味不免逊色许多。但花草袋茶让冲泡花草茶更容易，且由于内容多采用复合形态，使其口味非常大众化。

品尝花草茶，可以清饮，也可以酌量掺入糖、蜂蜜、牛奶，或放些新鲜水果切片（柠檬、柑橘等）、香料（肉桂、香草等）、新鲜药草的叶和花等。原则上，添加物是用来增强或柔和花草茶的味道。而且除了用水冲泡花草茶，还可以选择用牛奶或酒来冲泡。由此可知，花草茶的世界自有它多彩多姿的乐趣。

花草茶在西方是一种家庭饮料，在晨起、睡前或餐后品尝，可以营造温馨的气息。在我国，则有“天然的健康饮品”之美誉，属于都市生活中一种下午茶的方式，呈现出优雅的休闲情调。但无论中外，符合健康概念的花草茶都将因此而流行下去。

泡茶方式

很多花草茶可用壶泡法也可用锅煮法，通常以前一种为多。花、叶等原料因为较容易释放出内含成分，采用壶泡法即可。若原料是果实、树皮、根、茎等坚韧部分，采用锅煮法较能取得其中的精华，特别是在以获得药效为目的时。

煮茶的锅用不锈钢、玻璃或陶瓷材质皆可，铁制或铝制品可能会引起化学变化，不适合使用。先将水煮沸，然后放入原料，转小火煮至原料舒展开来，茶汤颜色及味道皆释出，即可熄火。如果是采用壶泡法，冲泡前先用热水温壶烫杯，加入沸水时才不致温差太大，影响茶香发挥。在煮茶和焖泡的过程中，锅及壶一定要加盖密闭，以免花草茶中的挥发油随蒸汽散逸。

常用的冲泡方法有四种，得到的茶味因此浓淡不同，大家可依自己的喜好来尝试不同的冲泡方式。

1. 先用小锅将水煮开，加入花草茶后转小火再煮约一分钟，再将花草茶倒入茶壶中，待茶色转浓即可饮用。用此种煮泡法，释放的茶香最为浓郁，不过时间比较长且繁复。

2. 将花草茶放在茶壶内或滤斗内，直接冲入滚水，花草茶会迅速舒展，散发出香气，但缺点是容易使花草粉碎，产生茶屑。

3. 在茶壶内先放入半壶热水，再将花草茶放入，之后再注满热水。此种泡法，茶汤会比较干净，但因花草的舒展速度较之前两种泡法慢，所以茶色会淡一些。

4. 在茶壶内先盛满热水，再将花草茶放入浸泡，此种泡法，可保持花草形态的完整，另外浸泡的时间也可较长，此时花草舒展缓慢，茶香会更清淡。

味道调配及焖泡时间

一般来说，一人份的花草茶材料约1小匙，可搭配2小匙的冰糖或蜂蜜，或是不含热量的甜菊叶来调味。调味时最好也浸泡2～3分钟，再用汤匙来搅拌均匀，味道较佳；如要泡分量较多时，以一整壶茶500毫升来看，理想的茶叶和冰糖比例为3：2，平均冲泡时间不宜超过5分钟。

每一种花草茶各有最适合的冲泡时间，视花草本身的特性及取用部位而异，掌握得好，才能使药草的本质（包括色、香、味和药理功能）完美呈现。大抵易释出滋味的花、叶，浸泡5～15分钟不等；至于较坚韧的果实、树皮、根等需浸泡15分钟以上。由于多种药草含有单宁成分，泡太久了会产生涩味，茶色也不清澈了。此外，第一泡时需浸久些，回冲即可稍稍缩短时间。

此外，调制花草茶时，不宜将所添加的蜂蜜、糖、鲜奶、柠檬等，加得太多，以免盖过了花草茶自然的色香味。有些植物本身味道很重，热开水一冲味道便出来了，适宜当下立即饮用，否则浸泡久了，茶汤变苦，可能就很难下咽了。

静置时间：无论你采用何种冲泡法，都需要在冲泡后，将整壶花草茶静置2～3分钟，让它释放出成分和茶香。

那一股清香

花茶融茶叶之味，鲜花之香于一体，饮花茶，犹如品赏一件茶的艺术品。

花茶的品种很多，其中以茉莉花茶最为常见。下面以茉莉花茶的冲泡为例，将花茶的饮法说明如下。

泡饮花茶，有不少人喜欢先欣赏一下花茶的外形，通常取出冲泡一杯的花茶数量，摊于洁白的纸上，饮者先观察一下花茶的外形，干闻一下花茶的香气，以平添对花茶的情趣。

花茶的泡饮方法，以能维持香气不致无效散失和显示特质美为原则，这些都应在冲泡时加以注意。

花草茶的泡饮很讲究。备具、烫盏、置茶、冲泡都有很深的学问。用泡好的花茶，还要讲求闻香、品饮之道，这些会在下节全面介绍。

花茶的美貌

原料品质及用量

想泡出美味的花草茶，先决条件是选择品质优良的原料。至于原料的用量，得根据各种药草的特性来斟酌。原则上浓香类的药草可以少放些，如果是选用新鲜药草，其分量则是干燥原料的2～3倍。

用　　水

水质与水温都是影响花草茶色香味的重要因素。泡茶用水取洁净的山泉、井水或溪流最好，若不易取得，也可选择质纯的矿泉水或纯净水，然后将水煮沸。冲泡时的水温在95℃左右，如此泡出的茶澄亮色正，味道也佳。至于用水量的多寡，若以最常用的玻璃壶为茶具，一壶为500毫升。

茶与水的比例

花草茶有单一材料及混合材料的两种冲泡方式。单一的花茶材料，如用500毫升沸水来冲泡，应取分量为5～10克；混合式的花草茶，则每一种材料各取2～3克，就可制造出一壶色彩缤纷的花草茶了！

饮茶心情

泡饮花茶，首先欣赏花茶的外观形态，取泡一杯的茶量，放在洁净无味的白纸上，干嗅花茶香气，察看茶胚的质量（烘青、炒青、晒青及嫩度、产地等），取得花茶质量的初步印象。茉莉花茶有一些显眼的花干，那是为了“锦上添花”，人为地加入的茉莉花干是没有香气的，因此不能看花干多少而论花茶香气、质量的高低。色泽白净、明亮，为上好花干的标志，黄褐深暗，为质差花干的表象。

花茶泡饮方法，以能维护香气不致无效散失和显示茶胚特质美为原则。对于冲泡茶胚特别细嫩的花茶，如茉莉毛峰、茉莉银毫、茉莉东风茶一类特高级名茶，因茶胚本身具有艺术欣赏价值，宜用透明玻璃茶杯，冲泡时置杯于茶盘内，取花茶二三克入杯。

用初沸开水稍凉至90℃左右冲泡，随即加上杯盖，以防香气散失；

手托茶盘对着光线，透过玻璃杯壁观察茶在水中上下飘舞、沉浮，以及茶叶徐徐开展、复原叶形、渗出茶汁汤色的变幻过程，“一杯小世界，山川花木情”，堪称艺术享受，称为“目品”；

冲泡3分钟后，揭开杯盖一侧，鼻闻汤中氤氲上升的香气，顿觉芬芳扑鼻而来，精神为之一振，“香于九畹芳兰气”、“草木英华信有神”。有兴趣者，还可凑着香气做深呼吸，充分领略愉悦香气，称为“鼻品”；

茶汤稍凉适口时，小口喝入，在口中稍事停留，以口吸气、鼻呼气相配合的动作，使茶汤在舌面上往返流动一二次，充分与味蕾接触，品尝茶味和汤中香气后再咽下，如是一二次，才能尝到名贵花茶的真香实味。

此味令人神醉，正如宋人范仲淹茶歌所说“茶味兮轻醍醐”、“茶香兮薄兰藏”。综合欣赏花茶特有的茶味、香韵，谓之“口品”。民间有“一口为喝，三口为品”之说，细细品啜，才能出味。

一壶茶饮后，留汤三分之一时续加开水，谓之二开。如是饮三开，茶味已淡，不再续饮。通过三开茶汤的鼻闻、口尝，综合领略

茶味的适口度和香气的鲜度、浓度、纯度后，三香具备者为“全香”，茶形、滋味、香气三者全佳者为花茶高品、名品、珍品。

泡饮一般中档花茶，不强调观赏茶胚形态，可用洁白瓷器盖杯，冲泡100℃沸水后盖上杯盖，5分钟后闻香气，品茶味。此类花茶香气芬芳，茶味醇正，三开有茶味，耐冲泡。

泡饮中低档花茶，或花茶末，北方叫“高末”，一般采用白瓷茶壶，因壶中水多，保温较杯好，有利于充分泡出茶味。视茶壶大小和饮茶人数、口味浓淡，取适量茶叶入壶，用100℃初沸水冲入壶中，加盖，待5分钟，即可酌入茶杯饮用。这种共泡分饮法，一则方便、卫生，二则家人团聚，或三五亲朋相叙，围坐品茶，互谈家常，较为融洽，添增团结友爱、和睦的气氛。

花草茶之典雅情怀

花草茶是将食用植物的根、茎、叶、花、皮等部位，单独或综合干燥后，加以冲泡的饮料，一般具有良好的口感和有益于身体的功效。花草茶一般不经过加工，多为自然风干所得，这与现代人追求自然、崇尚健康相契合，所以越来越多的人开始饮用它。

喝花草茶除了可以感受那份幽雅的情调之外，欧洲人还将之视为药茶，用来保健养身。由于它不含咖啡因，对健康很有益处，很早就作为保健饮品使用。据科学测定，以植物花瓣为主的茶并不会使人难以入睡，常期饮用也不会引起如咖啡因类饮料所导致的心悸、肠胃不适、上瘾等症状。大多数花草来源是野生的，但也有一些是由人工特别栽种而来的。花草茶在生产和制作过程中不添加任何添加剂、人工香料和色素，成品当然是既完整又自然，所以在冲泡时会有赏心悦目的药趣。传统上，评估花草茶优劣时，主要有色泽、香气、风味、水分、清洁度等项目评判。太高的温度、

水分和光线的照射，都会影响花草茶的风味，让花草茶中的芳香成分挥发散去。

花草茶的外观很像脱了水的干花，用塑料袋装了，皱皱巴巴的叶片，沉沉的暗红或暗黄色。闻一闻，也有水果的芬芳，微酸微甜。喝花草茶最好用那种细洁的白瓷碗，其色、其香能尽情地舒展开来。

在购买花草茶时一定要注意其保存期限，以避免买到即将过期或已过期的花草茶。放置于密闭容器，可保持阴凉、干燥、芬芳，亦可放置于冰箱冷藏室或冷冻室，注意与生鲜食品或气味较重的食品分开，以免沾染其他食物的味道。开封后尽快饮用，才可保证新鲜度。取用时，要用干汤匙。

酸甜美味的水果，加上漫柔多情的花草，共同烘干就成了喝起来温馨香甜的花果茶。花果茶和花草茶一样，也具有药用的功效，而且一样的自然顺口。绯红酸甜的花果茶，多了水果的甜蜜风味，就形成了与花草茶的淡雅别致截然不同的情调。因为口感酸中带甜，人们常用缠绵悱恻的爱情故事来形容它，赋予了花果茶浪漫多情的风貌，也使它成了男欢女爱的代言者。

玫瑰、紫罗兰、红莓果和蓝莓果是花果

茶中的常客，而苹果和柠檬往往就独树一帜成为单品的果粒茶；当然搭配的花果不同，滋味、色泽也就大相径庭，不过自然健康的走向却又异曲同工。浪漫的花果茶，也有实际的药效。苹果茶可以帮助消化；柠檬果则美容养颜；蓝莓果是养颜的大师。若加入蜂蜜或糖调味饮用，味道更加可口，是兼具美味、保健、休闲的生活伙伴。

加味茶的典雅情怀，在于它又香又醇的口味。在阳光灿烂的午后，佐以精美可口的小点心，喝上一杯馨香无比的加味茶，享受下午茶的精致风味与悠闲情趣，不失为舒缓情绪的好方法。加味茶的种类繁多，口味也千变万化。加味茶与花草茶或花果花的不同点反映在制茶过程中，它只将花香或果香烘焙入茶中，而非使用天然完整的茶果植物作原料。不少加味茶在烘焙时会添加一些香料，所以它的口感会比纯天然的花草茶或花果茶来得香浓，而这正是加味茶的魅力所在。

花草茶需精心对待

水

以天然泉水为最佳，人工纯净水也是一个不错的选择，水温以100℃为宜。一般单一花草茶的用水比例以花草：水=1：50~100，复方花草茶一般每种花草各取2~3克，然后再按以上比例进行泡制。

火　候

花草茶泡制的时间一般不宜超过10分钟，时间过长会挥发大量的香味。

调　味　品

根据个人的喜好和口味，可以添加多种调味品，如鲜奶、柠檬汁、果粒、果丁、冰糖、蜂蜜或不含热量的甜叶菊。理想的花草茶和调味品的比例掌握在3：2比较好。投放调味品的时机不可过晚，这样味道才佳。

茶　具

以瓷器、陶具等为好。玻璃制品固然便于观察颜色，但是不易保持花香，也不利于保温。可以采用折中的办法，用瓷器、陶具来泡制，用玻璃器皿来饮用。

茶　点

一般配饮花草茶的茶点有曲奇、三明治、起酥以及比较精美的饼干、蛋糕等等，可以自制，也可以购买市售的成品。

浅尝那一杯花草

冰　饮

炎炎夏日，冰饮胡椒薄荷茶、洋甘菊茶等，也相当可口，只是得泡浓些，也就是原料用量不变，但水量减少1/3～1/2，才不会在加冰块后稀释了花草茶的滋味。

饮茶时机

口味轻柔的花草茶除了可以当做下午茶品尝外，若再配合其药理功能，在适当的时候享用，也是不错的选择。例如晨起品尝提神的薄荷茶；餐后不妨辅以促进消化的柠檬马鞭草茶；睡前则适合饮用助眠的柑橙花苞茶。

环境氛围

品尝自然风味的花草茶时，挑选一处阳光柔和的位置静坐，搭配一份清淡爽口的点心，或独自捧读一本文学作品，聆听一曲优雅音乐，或三五好友轻谈浅笑，享受一段悠闲时光。

其他注意事项

花草茶最好是想喝多少就泡多少，喝不完要放入冰箱冷藏，再饮时色香味虽无法如初泡时完美，但可以延长存1～2天，超过3天以上就不适合再留了。

美酒的醉人心情

Mei Jiu De Zui Ren Xin Qing

当女人邂逅美酒，脑海中浮现的词势必是“浪漫”、是“优雅”、是“情调”，女人因美酒而更加美丽、魅力四射，美酒让女人美丽的容颜更添几分别样的韵味。

轻啜浅尝女人酒

女人轻啜浅尝的姿态最动人，特别是酒后那脸上的一抹醉红，更增添了平日不常有的美态。其实，适量地饮酒，对女性健康和养颜都有益处。

美国一项新的研究表明，每日饮酒一两杯可以提高女性的记忆能力。每天喝两杯酒的女性比每天一杯也不饮的女性智力测验高20个百分点。研究表明，适度的饮酒能帮助保护智力，因为这样可以限制颈动脉内的血脂肪块的沉积。

从心理角度说，饮酒能够缓解女性常见的焦虑，给她们以轻松的心情。美国精神治疗专家斯蒂芬博士指出，女性所承担的责任越来越多，这就迫使她们不断地提高自己，久而久之，压力过大，容易引发焦虑。研究表明，长期的情绪压抑会导致智商下降。

美国心理学教授汉斯·施义说，不要把事情看得太严重，最好再寻找一些新的兴趣，改变一下日常生活，这对于驱除紧张是很有帮助的。不妨尝试喝点酒，因为喝酒可以烘托气氛，消除抑郁和烦闷。少量饮酒还可增强性欲，也有提神和放松心情的功效。但要注意，酒的好处都是在适量的基础上说的，无论如何，过量饮酒对人没好处。

但每天少量饮点酒对女性还是有益的，尤其是每天一小杯葡萄酒，对心脏还有好处。

推荐给伊人的美酒

黄酒

黄酒(如绍兴女儿红、师爷酒)，适宜佳人独饮，推开小轩窗、面对湾河山水，喝到耳热面红，便依乌木窗子小睡，何等意味悠长；而山东的即墨黄酒，以古遗六法酿造。黑褐透明，且愈苦愈香，只宜浅尝；福建福安酒，则曲香浓郁、口感酸甜，多喝几碗亦无妨。

葡萄酒

据说法国女人每天早晨都要喝一杯葡萄酒来帮助美容。勃艮第（bourgogne）的味道，如太阳般热情；普罗旺斯的玫瑰红葡萄酒，冰镇10℃后，味道如月光萦绕。产自中国的葡萄酒，因价格相对便宜，建议每日早餐时饮用半杯，配以几片吐司，在出门上班前，尽享葡萄酒的甜热芬芳。

白酒

产自日、韩的清酒、杏酒、梅酒，重在赏酒色、酒器而不是酒味。那种清冽的酒质，玲珑剔透如女子的心情，特别适合在料峭的早春饮用。

珍藏佳酿的方法

白酒的保存

瓶装白酒应选择较为干燥、清洁、光亮和通风较好的地方，相对湿度在70%左右为宜，湿度较高瓶盖易霉烂。白酒贮存的环境温度不宜超过30℃，严禁烟火靠近。容器封口要严密，防止漏酒和“跑度”。

黄酒的保存

黄酒的包装容器以陶坛和泥头封口为最佳，这种古老的包装有利于黄酒的老熟和提高香气，在贮存后具有越陈越香的特点。保存黄酒的环境以凉爽、温度变化不大为宜，通常不低于50℃，在其周围不宜同时存放异味物品，如发现酒质开始变化时，应立即食用，不能继续保存。

啤酒的保存

保存啤酒的温度一般在0～12℃之间为适宜，熟啤酒温度在4～20℃之间，一般保存期为两个月。保存啤酒的场所要保持阴暗、凉爽、清洁、卫生，温度不宜过高，并避免光线直射。要减少震动次数，以避免发生浑浊现象。

果酒的保存

桶装和坛装最容易出现干耗和渗漏现象，还易遭细菌的侵入，故须注意清洁卫生和封口牢固。温度应保持在8～25℃之间，相对温度75%～80%左右。不能与有异味的物品混杂。瓶酒不应受阳光直射，因为阳光会加速果酒的质量变化。

药酒的保存

有些泡制药酒的成分由于长期贮存和温度、阳光等的影响，常常会离析出来，而产生微浑浊的药物沉淀，但这不说明酒已变质或失去饮用价值，但发现有异味就不能再饮用了。因此，药酒的保存期不宜太长。

品尝威士忌四重奏

人生就像品酒一样，只有浅斟慢酌才能细细品味自己的人生。没有人愿意在20年后，蓦然回首之时，竟看不出自己的人生轨迹；同样，当我们喝干杯中的最后一口酒时，却不知酒的芬芳从何而来，这真令人遗憾。好酒靠“品”，懂得享受生活的人也一定懂得像专家一样去品酒。现在，我们来品尝一下苏格兰威士忌酒中的珍品Johnnie Walker Black Label“黑牌”威士忌——最好的调配高级威士忌。一一体会品酒的技巧，让您在10分钟之内就成为威士忌的品酒专家。

看 色 泽

颜色会给我们提供高级威士忌的很多信息。所以，当我们拿到一杯威士忌酒的时候，我们首先应该仔细来观察这杯酒的色泽。

拿酒杯时应该拿住杯子的下方杯脚，而不能托着杯壁。因为手指的温度会让杯中的酒发生微妙的变化。现在，请在灯光下仔细观察你手中的酒。为了便于观察，可以在酒杯的背后衬上一张白纸作为背景。威士忌的颜色有很多种，从深琥珀色到浅琥珀色都有。因为威士忌酒都是存放在橡木桶里的。酒的色泽和其在橡木桶里存放时间的长短密切相关。一般来说，存放时间越长，威士忌的色泽就越深。注意看，“黑牌”威士忌的颜色是一种晶莹剔透的金琥珀色。

看 挂 杯

接下来要看威士忌的挂杯。首先，把这酒杯慢慢地倾斜过来。请注意一定要很轻柔很小心，然后再恢复原状。您会发现，酒从杯壁流回去的时候，留下了一道道酒痕，这就是酒的挂杯。所谓“长挂杯”就是酒痕流的速度比较慢，短挂杯就是酒痕流的速度比较快。挂杯长意味着酒更浓、更稠，也可能是酒精含量更高。看到长挂杯了吗？因为“黑牌”威士忌是一种非常醇厚的威士忌，所以它的挂杯很长。

闻　香　味

现在，我们该动用自己的鼻子了。在苏格兰，好的品酒大师可以赚很多钱。首先，让我们来闻一下。有什么气味呢？有烟熏味？水果味？干果味？草香味？“黑牌”威士忌是一种混合酒，是混合着来自苏格兰南部的香草味、北部的水果味和苏格兰地区的烟熏味的威士忌。可以在酒里加适量的水，所谓适量就是加入杯子里酒的大约1/3的水。因为水可以把香味带出来，就像下雨后我们在草地上就能闻到草的香味一样。

一股温和的清香味？Yes！这是大自然的味道，散发着植物的芳香。苏格兰南部山清水秀、气候温和。它优美的环境、怡人的气候赋予了这里的酒一种柔和的清新。每天，旧橡木桶中的酒都在和大地对话，与天空交流，酒里的草香味就来自那里。还有浓郁的香草味？因为“黑牌”威士忌是存放在曾经装过波本酒的橡木桶里的。还有新鲜的水果味？酒里怎么会有水果味道呢？难道酒里有水果浓缩汁？当然没有。因为大多数的苏格兰威士忌是保存在装过雪利酒的酒桶里的。水果味酒来自于装过雪利酒的橡木酒桶，这样，威士忌就有了新鲜的水果味道。这一传统被保留下来，有趣的是，最后甚至被写进了法律。现在法律明文规定，苏格兰威士忌一定要装在用过的橡木桶中。有没有闻到一股干果的味道？这也是因为存放在雪利酒桶里的缘故。

此外，还有迷人的烟熏味。“黑牌”威士忌有点辛辣。因为在苏格兰西部有很多小岛，靠近大海，一年四季气候恶劣。风暴是这里的常客，海风把大海的气息吹到这里。于是这里的酒经过了海风的洗礼产生了大海般的辛辣气概。有清新的海水味。这酒中的味道让人联想到雪茄的味道，高级的古巴雪茄。是用烟来熏的吗？的确如此。在苏格兰有一种特殊的泥煤，使用这种特殊的泥煤来烘干麦芽，麦芽在烘干过程中也深深的吸入了这股烟熏味道。

品　尝　酒

终于可以入口品尝了。你一定尝到了上面说到的四种味道。千万不要一口干掉，先尝一小口，让酒在口齿和舌尖回荡，细细品味各种香味，然后缓缓咽下，感觉一下这种世界销量第一的威士忌是如何细细地、缓缓地成为你

生活的一部分的。正如威士忌调配大师Jim Murray所说的："如果我想要品一口烈酒，每天有多达6 000多种威士忌可供选择。但至少每周我都会喝一杯Johnnie Walker Black Label（黑牌）威士忌，它是高级威士忌中的巅峰之作。"

不要以为你只能在高档的场合才会饮用它。其实，我们可以随时来享受这份快乐。人生的每个时光都是美好的，快乐无需掩饰，也不需要任何规则。你可以纯饮，或加入冰块，或加入可乐，或加入苏打，哪怕加入绿茶，都不必担心酒的味道会被改变。

洋 酒 课 堂

洋酒——进口酒类的总称。它包括烈酒、啤酒、葡萄酒、利口酒（Liqueur）等……不同酒精含量的酒水品种。

酒的制作过程都少不了发酵这一工艺，它是通过酵母菌的作用，将糖类分解成乙醇（酒精）的可饮用的液体，乙醇含量在0.5%～75.5%之间，同时含有一定的营养成分和香味成分。

世界各地酒的种类有数万种之多，酿酒所用原材料和酒的酒精含量也有很大差异，人们为了便于了解和记忆，于是就用不同的方法将它们予以分类。若以生产原料对酒进行分类，大致可分为谷物酒、香料草药酒、水果酒、奶蛋酒、植物浆液酒、蜂蜜酒和混合酒七大类；

若以饮用时机来进行划分，又有餐前酒(开胃酒)、佐餐酒、餐后酒和特饮酒的不同；若以酒精含量的不同进行分类，又有低度酒、中度酒、和高度酒之分；

若以酒的性质来加以划分，可以将它们归结为三大类：

1. 发酵酒类，包括葡萄酒、啤酒、米酒和果酒等。

2. 蒸馏酒类，包括中国的白酒、法国的白兰地、威士忌、荷兰金酒、伏特加、朗姆酒、特其拉酒。

3. 精炼和综合再制酒类，包括英国金酒、利口酒、味美思酒（苦艾酒)、苦味酒、药酒等。酒精度一般是以容量来计算，故在酒精浓度后，会加上“Vol”以示与重量计算之区分。

标签上酒精含量的表示法有两种：

1. 欧式百分比法：欧洲、日本等国，是以百分比或度来表示，如威士忌一般为40%

Vol或43%Vol，白兰地为40%Vol，葡萄酒为12%~12.5%Vol。

2. 美式proof 法：美国、加拿大是用proof 来表示。proof 之值等于百分比之两倍，如80proof=40%原料区分。

一般而言，大部分水果或五谷均可用作酿酒的原料，但所呈现出来的风味却各异其趣，各领风骚。

红葡萄酒——红葡萄

白葡萄酒——白葡萄

白兰地——白葡萄、水果

威士忌——谷类（大麦、裸麦、玉米）

兰姆酒——蔗糖、糖蜜

甜酒——鲜花、树叶、树根、树皮、水果、外皮、药草、香料

饮　法

饮酒若能选择适当的场合，维持正确的酒温，挑选合宜的酒杯，搭配一定的菜肴，就能充分发挥出酒的特质，享受饮酒的乐趣。

红葡萄酒：室温，18～20℃。开瓶后，要等待15～30分钟之醒酒时间再斟酒这样入口才会圆润柔顺。宜搭肉类、洋葱、奶酪。酒杯用广口直立厚型杯。

白葡萄酒：10～12℃。开瓶前先于冰桶内冰凉。斟酒量不超过杯容二分之一，宜搭配海鲜食物。酒杯用郁金香型高脚杯。

白兰地：室温，斟酒量不超过杯容1/5，饮用时以手掌捧握杯底，使掌心温度将白兰地渐渐升温，并随时摇动酒杯，使香气徐逸，聚在杯口，边闻边尝，慢慢品酌，可帮助消化，促进血液循环。酒杯用口小腹圆矮脚杯。

威士忌 常温，纯饮或加冰块及矿泉水，通常于直立杯内先加1/3冰块再斟酒，以不超过冰块之量。但高年份的威士忌宜纯饮，方能享受其细致与香醇。酒杯用直立矮杯。

PS：吧里比较流行的几种喝法

伏特加+橙汁： 这是一种最为流行的喝法，本来伏特加这东西总让人联想起一片苍凉的西伯利亚，《苏州河》里男女主人公也一直在喝一种有一根野牛草泡在里面的伏特加。

芝华士+冰绿茶+苏打： 本来威士忌是一款很烈的酒，净饮的话几乎就是烧着喉咙下肚，所以连酒商都会介绍你要勾兑一倍的苏打水。可到了酒吧里，这搭配就有几分好玩了，一定要冰绿茶，不能用冰红茶，以“康师傅”这牌子的为好。在一股仙风道骨的茶香中，酒精悄然而入。

纯白轩尼诗+苏打水： 轩尼诗是法国白兰地的四大品牌之一，法国人一向是很骄傲的，要是得知轩尼诗被这样勾兑一番，不知会作何感想。

杰克丹尼斯+可乐： 据说当年有人发明了陈醋加雪碧的喝法，所以美其名曰：天地一号。没多久市面上还真出现了一款名为“天地一号”的饮料。杰克丹尼斯加可乐的组合到底有多好喝要视个人口味而定，不过据说国外已经有了类似“天地一号”的产品，名为“杰可”，顾名思义，主要成分是杰克丹尼斯加可乐。

兰姆酒+金酒+汤力水： 两款酒都很烈，混在一起更是火焰熊熊。两款酒都很清澈，合在一起也还是平静如水。所以说，在喝酒人的眼里，水和火是没什么分别的。

百利甜酒+苏打水： 百利甜酒的所有组合都是为了迎合女士们，除了加苏打水，甚至还可以加牛奶！

百家得兰姆酒+可乐： 我正吃惊在醉眼迷离中怎么会冒出这样一款有革命激情的组合出来。后来认真一看全明白了，古巴产的百家得兰姆酒碰上了自由的美国可乐，其实这世界的冲突漩涡中也有一些可爱的和谐，比如卡斯特罗和克林顿都喜欢雪茄，还有这杯自由古巴。

龙舌兰酒+柠檬+盐： 其实这是龙舌兰最正统的喝法，之所以入选是因为喝起来感觉很“江湖”。记得看《生于七月四日》时，墨西哥还有一款龙舌兰酒，每杯里都泡了一条虫子，人们一口把酒吞下，再狠狠地将虫子吐出来，酷毙了。

当淑女邂逅红酒

通常情况下“白酒配海鲜，红酒配肉类”是用餐饮酒的规则；但只要不是十分严格而正式的场合，主人完全可以根据客人的喜好来选择酒款。在挑选某种合适的酒时，最重要的考虑因素既非酒的价格也非酒的产地，而是要看它是否与佐餐搭配得当，是否能给客人们带来良好的口感。

斟酒的时候，绝不要将整个杯子都倒得满满的，一般只要半杯就差不多了。如果预计在用餐的过程中，所喝的酒将超过一种的话，一定要记得为每杯酒准备单独的酒杯。另外，正确的持杯方法是持葡萄酒杯的杯脚而非杯身，因为这样白酒或香槟的酒温才能不受体温的影响而保持冰爽，同时也方便让喝酒的人好好欣赏所有酒款，包括红酒的美丽色泽。

大部分红酒适合于较低的室温下饮用。如果温度过低，可以手捧着杯身利用体温来给酒加热。传统上与红酒相搭配的菜是牛肉、某些奶酪食品、拌着红色沙司的空心粉以及禽肉。当然，与白酒类似，红酒的饮用规则也并非那样死板苛刻。很多人并不管主菜是什么，仅仅因为个人喜好而一直选择红酒。这时，所喝的红酒更倾向于口味清淡的波尔多干红。而勃艮第所产的红酒，口味浓郁，一般人不太适应。

不起泡的粉色葡萄酒也是红酒家族的一员。它们适合冰镇后饮用。与其搭配的主菜口味清淡，例如鱼类、小牛肉、鸡肉和水果。对于一瓶年代久远的红酒，如果要尽情欣赏它的美妙，就一定要仔细遵循它稍嫌复杂的上酒程序：饮用前一至两天，将酒从酒窖或酒橱中取出，以最轻柔的方式把它转移至稻草编织的篮子里并保持酒瓶处于半水平的位置——比藏酒时要更立起15° 或20° 。然后静置至少一天的时间以便于酒中的沉淀物沉至瓶底。

假如你并没有专门的酒窖，酒就必须在一两天之前购买，然后遵循同样的程序准备。饮用之前一小时左右是开启瓶塞的最佳时间。当然，瓶塞上的金属箔也应同时削去，以免它在倒酒时接触到

酒浆而影响其品质。基于同样的考虑，瓶嘴应用一块洁净的湿布擦拭干净以除去上面积攒的残渣。拔软木塞的时候要十分仔细，而拔出的瓶塞应放在酒瓶颈旁边，让有心之人能注意到它的完好无损。开启瓶塞后的这一个小时是酒瓶内琼浆的“呼吸期”，它可以趁此时间

将在酒窖保存时所吸收的霉味儿或其他的奇怪气味散发干净。

为了让客人知道酒的情况，酒瓶一定要放在篮中，上面的标签也不能撕走。斟酒时要格外小心，否则酒液可能因“后冲”而从瓶嘴向瓶底回流甚至起泡，激起瓶底的沉淀。最后，瓶中的酒显然不能倒空，要留下约一英寸酒液，因为这些酒液早已因沉淀而混浊。

品尝红酒的基本动作

首先把葡萄酒从瓶中倒入酒杯，用手轻端杯座，将酒杯中的酒上下左右轻摇并转动，看酒是否挂杯。好的葡萄酒，特别是甜的白葡萄酒，一定会挂杯；其次，把酒杯放在鼻尖下吸一吸，以辨别它的香味；最后，把酒杯轻轻放到嘴唇边微啜。这是品酒的主要部分，然后用舌尖来辨别酒的优劣。

上述这三种基本动作，一定要做得标准，才能显出“行家”品酒的风度！此外，品酒杯不需要豪华而带色，有色的杯子不易看出酒的颜色。而酒杯要干净而透明，倒酒不应太满，只倒入酒杯深度的1/3就可以了。

红酒的餐桌礼仪

有关葡萄酒餐桌礼仪最早形成于西方，如今已逐渐为国际社会所通用。

葡萄酒是西方人常用的佐餐饮料，所以一般都是先点菜，再根据菜的需要点酒。

按照通常的惯例，在开瓶前，应先让客人阅读酒标，确认该酒在种类、年份等方面与所点的是否一致，再看瓶盖封口处有无漏酒痕迹，酒标是否干净，然后开瓶。

开瓶取出软木塞，让客人看看软木塞是否潮湿，若潮湿则证明该瓶酒采用了较为合理的保存方式，否则，很可会因保存不当而变质。客人还可以闻闻软木塞有无异味，或进行试喝，以进一步确认酒的品质。在确定无误后，才可以正式倒酒。

请人斟酒时，客人将酒杯置于桌面即可，如果不想再续酒，只须用手轻摇杯沿或掩杯即可。需要注意的是，喝酒前应用餐巾抹去嘴角上油渍，以免有碍观瞻，且影响对酒香味的感觉。

西方各国的宴会敬酒一般选择在主菜吃完、甜菜未上之间。敬酒时将杯子高举齐眼，并注视对方，且最少要喝一口酒，以示敬意。

在上酒的品种上，应按先轻后重、先甜后干、先白后红顺序安排；在品质上，则一般遵循越饮越高档的规律，先上普通酒，最高级酒在餐末敬上。如被誉为“红酒瑰宝”的张裕解百纳干红，因使用国际精品葡萄精心酿造，属于高级酒种，在餐末饮用将给人带来无穷的回味。需要注意的是，在更换酒的品种时，一定要换用另一杯具，否则会被认为是服务的严重缺陷。

我国的葡萄酒礼仪大体上按照国际上的做法，只是在服务顺序上有所区别。斟酒等服务一般为主宾、主人、陪客、其他人员。在家宴中则先为长辈，后为小辈；先为客人，后为主人。而国际上较流行的服务顺序是先女宾后主人，先女士后先生；先长辈后幼者；妇女处于绝对的领先地位。另外，我国在酒宴上常有劝酒的习惯，而世界上不少国家却以此为忌，对此，我们应酌情处理。

几种红酒酒具的使用

好杯配好酒，就像是靓人配香车那样的天作之合。当然，酒具不仅仅是配饰，功能齐全的酒具是品尝好酒不可或缺的工具，所谓“葡萄美酒夜光杯”，由此可见早在古代，酒客就已经对酒具有高档的要求和精致的品位了。

开瓶器：优雅恰到好处

懂得欣赏红酒的人，对开瓶器也一定非常讲究。一个普通的开瓶器只有钻头和把手，开起酒来不但费时费力，而且容易震动酒瓶，坏了好酒的味道。金龙船有一套Baccarat开瓶器，是目前设计得最为科学的产品，国内也相当少见，据说在香港要卖1 500元一套。这套开瓶器包括一枚酒盖戒刀、两支钻头、一个支架以及一支不锈钢锻造的机械式开瓶器主体。这个开瓶器结构相当复杂，一共有三只把手，最下方的两只把手用来夹紧瓶盖，外侧的把手则是用来操纵钻头，精确的齿轮设计使得转动钻头的复杂过程转化为拉动把手的简单运动，只需要三秒钟时间就可以完整取出瓶塞。

首先用酒盖戒刀把封盖的贴纸切开，露出酒瓶软塞；然后把开瓶器套在瓶口，活动的不锈钢把手可以套紧任何尺寸的瓶口，用一只手握紧把手以固定好瓶子；接着用另一只手拉动外侧的金属把手，此时钻头由上至下插入木塞之中，再稍微用力让把手复位，软塞便附在钻头之上从瓶口拔出。整个过程一蹴而就，酒瓶纹丝不动，瓶中的沉淀亦不至于混浊，开瓶的手法也相当优雅。

醒酒器：境界不断进化

醒酒器的作用是让红酒与空气充分接触，储存多年的红酒，会有一股异样的腥味，直接品尝并不能体会真实的口感。一般的做法是在开瓶之后，把红酒倒入醒酒器中放上几个小时，让红酒和室内空气充分接触，才可以直接饮用。从古到今，醒酒器不断进化，共有三代产品。

第一代醒酒器是我们通常看到的经典水滴形结构，上窄下宽，这种醒酒器在市场上最为多见，红酒倒入瓶中大约五分之一的高度，让水面与空气的接触面积达到极大便最为合适；第二代醒酒器则有试验室中古怪试瓶的味道，瓶口并非在正中央，而是开在侧上方，瓶子的形状由两个三角形组合而成，原理是让红酒与空气的接触面积更大；第三代醒酒器则有艺术品的味道，与第一代醒酒器样式接近，上窄下宽，修长的瓶颈线条相当典雅。不同的是这支醒酒器的底部更加宽大，最宽处直径超过20厘米，另外瓶口还配有一个玻璃漏斗，方便倒入红酒。醒酒器的进化，其根本的目的是让红酒与空气的接触面积最大化，同时又不至于让酒香偷偷溜走，去除腥味之后能够把红酒的原味保留下来，达到最高的品酒境界。

酒杯：质感轻薄透明

至于酒杯，要说的并不多。在材质方面，喝红酒使用的酒杯一定要足够轻薄透明，高明的酒客玩弄酒杯的手法也相当优雅，红酒在杯中回旋，通过鉴赏酒色来判断红酒的优劣也是一个重要的途径。所以酒杯要做得轻，拿起来不至于坠手；做得薄，才能清晰地看到酒的色泽。最高档的酒杯当然是用水晶玻璃打造的精品，这种酒杯透明度非常高，折射率也很小，比起普通的货色自然高级许多，金龙船用的是著名的“席拉”杯，上好的工艺一眼就能够分辨出来。在外形方面，喝红酒都是用窄口宽肚的品种，窄口是为了让酒香蕴藏在杯中，宽肚是为了让红酒充分和空气接触，原理和醒酒器相同。以前流行的酒杯都是小巧精致的样式，现在时兴的是大肚杯，拿在手上更加堂皇绚丽，同时也使得红酒在杯中有更多的接触空间。国内有许多人依然保持着“酒满敬人”的常识，而对红酒的文化了解不多，斟酒的时候通常要倒得很满，其实这是误解。正确的斟法是把红酒倒入杯中三分之一左右，一方面能够达到醒酒的功效，另一方面可以在荡酒杯的时候避免红酒溢出的尴尬。

极品奢侈级酒柜

红酒是酒中极品，一瓶上等的陈酿在拍卖会上要以数十万元起价，所以喝高档红酒的人自然是身价不菲了。既然是极品，固然要用上最好的酒具，并且要有一个优等的环境，才能符合“极品”的要求。

选酒小贴士

最早的葡萄酒是葡萄汁在陶罐里通过野生酵母自然发酵而酿成的，品质不够好，也不稳定，经过人们长期的试验，酿制方法逐步改善，酒瓶与酒杯也在历史中经历了不断的改良。世界上很多地区的气候都适宜酿制葡萄酒，常说的新世界是指美国、澳洲、智利、阿根廷、南非等新兴的酿酒国，相对于新世界，法国、西班牙、意大利就是旧世界，很多人因为欧洲特别是法国古老的红酒文化而对法国葡萄酒情有独钟，再加上法国在此领域的法规比较完善，所以法国葡萄酒一直被认为是品质的象征。

如果你在意红酒的品质，那么首先要注意酒的产区。世界著名的红酒产地包括，法国波尔多（Bordeaux）及勃艮第（Bourgogne）。其次要看它的品级，红酒通常分为指定产区优质级别与普通级别。

如果你对红酒有着极大的兴趣，参加品酒会则是提高品酒能力的捷径。不用购买整瓶葡萄酒，每次却可以品尝不同口味及级别的酒，可以打消你面对众多品牌葡萄酒无法辨别品质的困惑。

家有爱宠

Jia You Ai Chong

“宠物是女人前世的情人”，她们的缘分由上天注定，这是丈夫、孩子都无法替代的。当女人的情感出现困惑时，只要静静地望着它们，一切都会湮没在它们纯真无邪的眼神中。

养犬新手上路

初次面对这个弱小而活跃的生命，你难免有几许慌乱，甚至一丝失望——它为什么不停地叫？鼻子干了、拉稀了要紧吗？怎样才能让它去正确地点排泄？下面这些忠告一定能帮上你的忙。

健 康

刚买来的小狗都应到动物医院做全面体检，发现问题及时治疗。在医院那种传染病号多的环境里，不要让小狗随便走动，应该一直将它抱在怀里。如果体检证明一切正常，可在观察10天以后进行免疫。如果你的小狗精神不好，鼻子发干，眼睛鼻子有不正常的分泌物，或是腹泻呕吐，就应立即治疗。

没有打完疫苗的小狗不要出门，也不能洗澡。很多主人把小狗洗得漂漂亮亮，带出去玩耍，或是用肉啊牛奶啊一通猛喂，这种不科学的疼爱，有时会断送了弱小的生命。

吃　喝

幼犬消化能力弱，人的食物对它来说既诱惑又危险。动物肝脏、禽类骨头、巧克力、葱和洋葱，更是爱犬的健康杀手。主人应只给小狗提供优质的幼犬专用食品。专业狗粮营养均衡、容易消化、饲喂方便。

幼犬进食应掌握“少食多餐”的原则，一天四次，每次的量不可太多。每天一个蛋黄有助于小狗的成长。还可在兽医指导下，用宠物专用产品给它补钙。

清洁的饮水应随时供应，家里的凉开水最适合小狗。睡前吃一餐，并给它时间把大、小便排干净。

排　泄

最初，小狗会自己选择家中的一个地方大小便，这时你可以用废报纸沾上它的一点小便，铺在它选择的这个地方。它会很乐意在自己选择的、有自己气味的地方反复排便。逐渐挪动报纸，每次只挪一点，让犬养成找报纸排便的意识，最终就可把报纸挪到你为它选择的排便地点。

突然低头，用鼻子嗅闻并紧张地团团转，

往往是要排便的信号。当小狗睡醒、吃完及玩耍后，通常都要排泄。这时将它带到选好的、使它放松的地方排便。当它在正确地点排便后应奖赏它，如果你看到它在错误地点排泄，立刻大声斥责它，事后惩罚是无效的。

训练幼犬定点排便要有耐心。粗暴的态度只能使幼犬恐惧和迷惑。爱犬在户外排泄后，主人应及时、彻底地清理干净。

睡　　觉

幼犬一天中会用十几个小时的时间睡觉，它睡觉时不能打搅它。睡眠不足会严重影响幼犬的发育。

狗狗的小床应温暖、干净，可以垫柔软干燥的旧衣服，衣服所带的家人气味会使狗狗尽快熟悉主人，让它感到主人仿佛就陪伴在身边，可以安心地睡一觉。

最初几天，小狗可能因为不习惯新环境而不停地叫，这时可以轻声制止它，但也不要听到叫声就抱它，这样会使它对主人过分依赖，可以用块大毛巾盖住狗窝，这时它的叫声会有回音，也可以让它慢慢安静下来。还可以将一只嘀嗒作响的钟表裹在毯子里放到狗床上，幼犬就会把那当成妈妈的心跳而放松一些。你也可以从狗的上一个主人那里要些幼犬熟悉的东西，例如犬舍中的被褥等。可把狗狗的小床安放在它能看到主人的地方，人狗休息互不干扰。

社　　交

作为群居动物，幼犬应有充分和愉快的社交经历，这样成长的犬友善而稳定，会更快更好地融入社会大家庭。生活环境闭塞的犬通常对外界感到紧张，甚至因恐惧而进攻。犬出生后第3～12周是最佳社交期，这期间应多接触外界的人和动物，对其一生性格的形成有重要意义。

未免疫的犬不宜多和其他犬接触。这个时期应让它多接触人。所有接触幼犬的人应友善温和，不得故意捉弄甚至粗暴地惊吓。

免疫完成后，可以让犬和那些友善的同类玩耍。犬在玩耍时会通过力量抗衡来确定群体地位，并安于这个地位，主人不应人为地干涉这个次序。

活　动

幼犬刚到家时，让它到处闻闻以熟悉环境。将家中可能对犬造成伤害的物品收好，幼犬会咬抓任何东西，例如，悬垂的电线、厨房的垃圾、消毒液等等。如果你家有花园，检查一下花园的篱笆是否有幼犬可以钻出去的小洞。将门关好以防幼犬从门缝中挤出去。将游泳池和池塘盖起来。即使它会游泳，也可能溺水。

如果你家白天没人，一定要限制狗狗的活动范围。可以把它放在一个宽敞、通风、食水充足的大笼子里。这样不但能保护家里的物品不遭破坏，更能避免狗狗独自在家游荡时可能发生的危险。但你一有时间，应尽快回家，让它在你的看护下自由活动。

对待幼犬一定要耐心，当您抱怨它做错了什么的时候，请不要忘记它只是一个出生才几十天的小狗，犬与主人深厚的感情和信任是任何训练都不可缺少的基础。规范爱犬的行为，使它成为受欢迎的社会成员，是每个犬主的责任和乐趣。

俗话说，万事开头难。随着时间推移和感情加深，狗狗越来越了解您的好恶、性格和习惯，你和它分享的日子，必将越来越轻松、快乐。

狗狗“出恭”问题

在我们日常处理狗狗行为问题的时候，上厕所的问题算是常见的，随地可见的排泄物或是特殊如厕习惯很容易影响我们的居家质量，所以也名列“最困扰狗狗主人”的三大问题之一。

造成狗狗如厕行为问题的原因有很多，有些是在室内随处排泄；有些则是只愿意在某些特定的地方排便排尿，但却不是主人指定的地点；有些则是习惯了在室外方便，当主人因时间等各方面原因不能带狗狗去室外大小便，就试着把狗狗留在阳台，想让狗狗在阳台上方便，但是狗狗说什么都不肯屈服，硬是憋到主人投降带它到楼下“解决”；还有就是狗狗已经养成的如厕习惯不能随环境的改变而改变。这些困扰主人的如厕问题，从根本上讲应该是主人与狗狗之间沟通上的问题。

狗狗自我建立的如厕习惯

相信很多狗主人有类似的经历，小狗不是随处大小便，而是偏偏选在不该上厕所的地方如厕。例如：我们安排它在厕所里方便，它偏偏选在门口的脚踏垫上小便；我们希望它到室外去上厕所，它却老是像憋不住一样，在家里走廊就小便了。所以，多数有这样困扰的主人也都感到很郁闷，会抱怨说：为什么老是教不会它？

难道是有这样困扰家庭中的狗狗IQ都很低吗？其实不是这样的。大多数的狗狗都很聪明，从它们能够准确地判断主人的情绪来看，它们的IQ都不算低。那为什么教不会呢？问题出在沟通上面。主人们都太习以为常地以“人”的观点在看“狗”的事情了，忘记了要用“狗”的观点来看它们。

在狗狗的认知里面，选择大小便的处所有两大重点：

一是位置选择，即厕所的决定。

狗狗对于厕所的位置大多喜欢选择在远离自己吃喝、游戏与休息的处所，但也要是它想上厕所时可以方便到达的距离。所以，有的狗狗会选择户外的地点当厕所，有的狗狗则会把家里某个处所当作厕所用。

二是材质，即马桶的选择。

一般小狗约在7～8周龄时，会决定它本身对于马桶的偏好。如果在狗小的时候就认定草地类的材质是它的马桶，那它就会偏向选择在室外的草地上如厕；如果狗狗小时候学习认知的马桶是坚硬平滑的材质，那它就比较会在家中地板、户外柏油马路上排泄。想要改变狗狗的习惯，我们就要对其进行渐进式引导，并给予适当奖励。

有些狗狗其实是卫生习惯良好甚至有点洁癖的“小孩”，所以当它小时候养成在草地上如厕的习惯后，在换了生活环境时，它的如厕习惯还是会带到新的地方来。所以狗狗在尚未改变马桶认知之前，是很难同意在水泥地上如厕的，而会憋着直到主人们投降。

教会它在指定地方如厕

首先需要改变我们的认知。如果我们觉得可以接受天天带它到楼下去散步兼上厕所，其实问题就迎刃而解了，如此还可以通过每天的散步增进与狗狗的感情。

还有就是教会狗狗在我们指定的地点如厕。首先我们准备一块类似草皮材质的塑料垫，每次到了狗狗如厕的时间，我们可以先陪狗狗在指定的地点活动，鼓励狗狗到塑料垫上方便，每当狗狗在我们指定的地方方便时，要立即奖励。

刚开始的时候也许不容易，我们需要陪狗狗在指定的地方待很久才会成功，所以即使尿得不是很准，也要奖励它。下一步就是让狗狗重新学习接受新的马桶——在获得初步的成功后，用报纸铺在垫子周围，让狗狗有机会在如厕的时候踩在报纸上。同样的，多奖励狗狗让它知道这是“好”的行为，这样渐渐缩小垫子的面积、扩大报纸的范围，最终让狗狗渐进式地学会在坚硬材质的地面上如厕。

常听到主人们在教育狗狗养成良好的如厕习惯上，采用或认为要用体罚的方式才能达成目的，认为这样就可以教好狗狗了，如果教不好，就表示打得不够等等。其实，这是不正确的想法。

在如厕习惯的养成上，教它什么是“好的、对的”，远比教它什么是“不好的、错的”要容易得多。适当的奖励会带领狗狗快乐地学习，而体罚在这件事情上常常会适得其反，弄得不好还破坏了主人与狗狗的感情，实在是得不偿失。

许多主人还觉得，在如厕这件事上，狗狗的学习能力不能够达到自己的期待，那么你是否考虑过以下问题：

狗狗现在是否还未成年？如果是，就请有耐心地教导它上厕所的习惯。

狗狗是不是对厕所或马桶有所认识？如果是，那先想想自己是否可以接受与配合，如果可以，那就皆大欢喜；如果不行，那就要技巧性地诱导教育狗狗，重新习惯新的厕所或马桶。

训练关键词：奖励它“对”的时候，要比处罚它“错”的时候有用得多。

主人的认知：我们自己要改变或重新以奖励诱导的方式来教育狗狗。

打造美毛帅狗

为使犬毛有光泽、漂亮，有的人让犬喝少量的醋，有的人用蛋白涂抹犬毛等。这些方法都不好。如用蛋白来涂抹约克夏或马尔济斯犬的毛，一旦干燥后，毛就会分叉、断裂，反而要损伤毛质、损伤毛根，使毛色更加暗淡，有时还会引起皮炎或皮肤病。

要使犬毛有光泽、美观，可每天给犬多喂富含蛋白质的饲料。含有维生素E、维生素D的添加剂和海藻类食物、蔬菜等，如瘦肉、煮熟的蛋黄、植物油等，少喂富含糖分、盐分、淀粉的食物。肥胖

而脂肪堆积的犬，一般毛质都比较差。

同时，要给犬多作日光浴，多吸收紫外线，并且经常运动，以促进犬血液循环，使犬长出健康的毛。

为保护犬毛，每天要替它梳毛，如有条件，最好给它涂上薄薄一层护毛油。要使毛色光亮，还要注意不要让犬进入卧室，应该饲养在较寒冷的场所。

笃宾犬等短毛犬在洗澡后，应该用浴巾擦拭，这样能使被毛光润可爱。

北京犬、马尔济斯犬、博美犬和阿富汗犬等长毛犬在洗澡后，如用喷雾器装上蒸馏水，在犬毛上薄薄的喷一层，能使毛发蓬松，看起来丰满、美观。

挑剔食客的遗传密码

很多养过猫的人都有这样的体会：这种小家伙是难伺候的挑剔食客，而美国科学家的最新研究结果表明，猫科动物养成其独特的饮食习惯有遗传学上的原因。

这一研究是由位于美国费城的莫奈化学感觉中心完成的。该中心的研究人员从6只猫科动物身上取得唾液和血液的样本，样本中除了猫以外还包括一只老虎和一只印度豹。样本分析结果表明，其他哺乳动物可以通过一个特定的基因来制造舌头上的“甜味感受器”，从而享受到甜甜的滋味；而这6只猫科动物体内的这一基因却失效了。

所有的哺乳动物的舌头上都有感受器细胞，正是这些细胞传送味觉信号给大脑进行处理。感受器细胞被集中在一起，形成味蕾。人类的一个味蕾由50～100个感受器细胞组成，可以感知5种主要的味觉：咸味、酸味、甜味、苦味和皂味（皂味是味精和一些发酵的豆类食品产生的味道）。大多数哺乳动物的甜味感受器是由两种蛋白质组成的，猫科动物正好缺少其中一种。

该研究的资助者之一是美国的一家大型宠物食品制造公司，该公司希望通过此类研究开发出更受猫咪欢迎的猫粮。目前该公司拥有首先将该成果商业化的权利。布兰德还指出，他们的研究成果能够帮助兽医治疗病猫，因为猫是很挑剔的动物，为一只病猫烹制可口的食物很关键。

其他专家则认为，该研究还可以帮助科学家进一步了解与饮食有关的人类疾病以及饮食如何影响进化。芝加哥嗅觉和味觉治疗研究机构的阿兰·赫驰博士说：“该研究证明，肥胖症以及其他相关疾病，如糖尿病，不仅仅是由过度喜好甜食造成的，”他说，“尽管不爱甜食，一些猫照样能长得很肥。”

宠物视力保健

宠物的眼睛也值得爱护。那么，让我们来了解一下如何保护宠物的眼睛吧！

某些眼球大、泪腺分泌多的犬，常从眼内流出多量泪液，使得眼角下方的毛变色，如北京犬、吉娃娃、西施犬、贵妇犬等，因此要经常检查犬的眼睛。当犬患上某些传染病（如犬瘟热等），特别是患有眼病时，常引起眼睑红肿，眼角内存积有多量黏液或脓性分泌物，这时要对眼睛精心治疗和护理。

保护的方法是：用2%硼酸棉球（也可用凉开水）由眼内角向外轻轻擦拭，不能在眼睛上来回擦拭，一个棉球不够，可再换一个，直到将眼睛擦洗干净为止。有些犬如沙皮，常因头部有过多的皱皮，而使其眼睫毛倒生。倒睫毛会刺激眼球，引起犬的视觉模糊、结膜发炎、角膜浑浊。对此，一种方法是请兽医做手术，割去部分眼皮（类似人割双眼皮整容），再给犬眼内滴入眼药水或眼药膏，以消除炎症。

另一种方法是用镊子将倒睫毛拔掉。沙皮犬的倒睫毛是有遗传性的，因此购买时，除要查清其血统外，还要了解其父母有无倒睫毛的缺点。

猫砂大比拼

现在市场上销售的猫砂多种多样，选择一种自家猫咪喜欢又比较环保的猫砂，对于猫咪的身心健康非常重要。千万不要忽视这小小的砂子，它陪伴着猫咪的每一天，有时候决定了猫咪的喜怒哀乐。

膨润土猫砂很适合在家庭使用，你可以随时清理猫咪的粪便，但是粉尘比较大，所以最好把猫砂盆放在通风比较好的地方。由于猫咪误食含膨润土的猫砂，会损害它的呼吸和消化系统，所以要特别注意。

猫砂选购指南

木屑和纸屑猫砂因其比较天然，化学成分少，所以相对来说对猫咪身体和家里环境都好得多，推荐使用，但是价格稍贵。

结团型猫砂

主要成分：膨润土。

外观：白色或灰白色的小颗粒。有的品牌是圆球形的颗粒，也有的品牌是不规则形状的颗粒。

使用方法：强吸湿性的猫砂很快吸干粪便里的水分，结成一个大硬团。在清理猫砂时，用带漏孔的猫砂铲铲出这些大大小小的硬团扔掉就可以了。随着猫砂的消耗，主人可以随时往猫砂盆里添加新的猫砂。

优点：对猫咪来说，这种猫砂比较轻，脚感比较好，适合天性喜欢掩埋的猫咪。清理起来比较方便，有些品牌的猫砂在吸臭方面做得比较好，如果家里猫咪数量不多，每天清理猫砂，基本可以做到无味。

缺点：粉尘偏大，如果猫砂盆摆在房间里，家具表面会逐渐附着一层细细的白色粉末，猫身上也有一股土腥味儿。因为猫砂颗粒很细小，比较容易卡在猫咪的脚趾缝中，猫咪便后会将残留在脚趾缝里的小砂粒舔食掉。

木粉猫砂

主要成分：这种猫砂产品是以回收松木、纸浆或小麦副产品为原料，属于比较环保的猫砂产品。

优点：这种猫砂采用木屑为主要原料，辅以少量天然黏结剂造粒制成，没有粉尘或粉尘很小，不会造成空气污染，而且防渗透的能力非常强，具有比较好的结团和吸味功能。由于它的吸附能力较强，因而比膨润土材质的猫砂消耗量更小，更适合家庭使用。

缺点：有能力生产这种环保型猫砂的厂家国内似乎还不太多，所以我们在目前的市场上还比较难买到。

纸屑猫砂

主要成分：一部分纸屑猫砂内含有活性炭，有些是用废旧的新闻纸经过处理制成的。

优点：纸屑猫砂属于软性砂，像米粒一样大小。纸屑猫砂由于颗粒大小、硬度与一般矿砂差不多，所以不容易有臭味散出。现在市场上销售的纸屑猫砂内一般都含有活性炭，对除臭也有帮助。纸屑猫砂由于颗粒比较小，因此用量较小，虽然没有结块，但尿湿后会呈灰色，很容易辨认，方便清除。而且可以倒入马桶冲掉，比较简便。

缺点：纸屑猫砂的凝结力稍稍弱一些，有一些纸屑猫砂在使用的时候可以凝结，但会变成一团糊状。

猫咪也要早社交

拥有一只漂亮而友善的猫咪，是很多猫主的愿望。当朋友来访时，如果你的猫咪大方地出来迎来送往，陪客人玩耍，一定能增添很多乐趣。相反，如果它躲到床下或柜子顶上不肯见人，甚至浑身发抖，客人走后还惊恐不已，对它、对你都是个遗憾。

早期社交的重要性

由于猫咪的生活环境相对闭塞，接触外界较少，因此养猫的朋友一定要在猫咪的幼年，为它安排足够而愉快的社交机会，让它以健康的心态，与人和其他动物和谐共处。

猫咪的2周龄到7周龄，是社交的敏感时期。让小猫及早学习社会化，能预防成年后的行为问题，形成好习惯比日后纠正坏习惯要容易得多。

幼年适应家庭生活

从两周龄起，猫咪就应该得到主人的爱抚，一天几次，一次几分钟，并逐渐增加爱抚的时间和密度。爱抚的同时，要温柔地和猫咪说话。如果有条件，应请亲友一起抚摸猫咪，或者由主人带上帽子、墨镜等伪装，让猫咪适应不同形象。

在此期间，猫咪会断奶，开始吃固体食物。它们会逐渐开始探索身边的事物，增加玩耍的时间，日益显现出强烈的好奇心，动作也越来越协调。主人应抓住这个时机，让它有充分的生活体验，减少对陌生事物的恐惧。

逐步把会发出噪声的吸尘器、洗衣机、门铃等日常用品介绍给猫咪，帮助它们适应家庭环境。狗叫声、汽车喇叭声，也应让它们经常感受到。

和猫交往不要太主动

猫咪是独立的动物，和猫交朋友时不要太主动。如果你的猫咪错过了最佳社交期，或是有过不愉快的经历，留下了心理阴影，就应只

在猫咪非常放松的时候才接近它。可以在它吃饭时，轻声和它交谈，让猫咪明白你的善意。上述爱抚法同样有效，但不要急于摸它，切勿大声吵闹，或者动作过猛，惊吓猫咪。耐心而温和的态度，一定会赢得猫咪的好感和信任。

对待猫咪因猫而异

每个猫咪的性格、爱好和生活习惯都不一样。有的猫咪活泼好动，喜欢在家里探险；有的猫咪乖巧恋人，喜欢在主人怀里撒娇；也有的猫咪更乐于独来独往……不同猫咪着迷的玩具也不一样。了解了猫咪各自的特点，就能有的放矢地安排日常活动，而了解猫咪的过程对主人来说也非常有趣。

调教猫咪不宜惩罚

猫咪天性高傲，惩罚在培养好猫的过程中效果很小。事后的惩罚更是有害无益，因为猫咪不会把之前的错误行为和之后的惩罚联系起来，反而会对主人的态度感到困惑。随意打骂更会破坏猫咪对主人的感情和信任，所以在猫咪做错事的时候，只要通过一声及时的“不行!”就可以让它明白主人的好恶。耐心、细心和科学的方式，一定能塑造一个让你自豪的可爱猫咪。而平静自信的性格，也能让猫咪体验更多生活的乐趣，从而更好地与人类和谐相处。

乖乖狗训练班

谈到养狗，许多人反对在家中养狗的一个原因就在于它们身上的有些恶习难改。比如一些攻击性强的犬种容易咬伤别人，而狗狗经常吠叫也容易影响到邻居的正常休息……凡此种种恶习都要从小纠正，如待它成长后才去注意，必定会遇到不少困难。下面就教大家几个训练方法。

改掉爱犬咬人恶习

虽然狗是人类最好的朋友，但有精神压力或恐惧心理时它们还是会咬人。如果主人认为小狗咬人是在向主人撒娇就纵容它的话，等狗长大以后它便会认为自己是强的那一方。这时如不严加管教，这就会养成咬人的恶习。

对于狗咬主人的情况，首先是要及时、严厉训斥它。即便是小型犬种，其牙齿也很锋利，对主人来说十分危险，必须尽早地改掉它咬人的恶习。爱犬咬人后可以托着它的下巴训斥，或将杂志卷成筒向地板上敲、发出响声来恐吓它，这些都是很有效的方法。主人训斥完后，狗受到惊吓会安静下来，这时就应该好好夸奖它。

如果你的狗喜欢咬陌生人，可以在朋友的帮助下，消除狗对外人的恐惧心理。可以让朋友给爱犬喂食物，并要让它看见食物是从主人那里递给朋友的，这样可以让它明白这个人是主人所信赖的，并不是危险人物。在狗狗吃了朋友喂给的食物后，两个人要一同夸奖它，这样就能让它逐渐习惯与陌生人接触了。

改掉爱犬乱吠恶习

如果狗狗总是不停地乱叫，一定要严厉地训斥它。首先可以把牵引绳向上提，给爱犬以严厉的警告，然后你可以抬起爱犬的下巴，告诉它不能乱叫。不要忘了，训斥后爱犬停止吠叫的话，要对它说“很好、真乖、好孩子”之类的好话给予夸奖。

改掉爱犬飞扑恶习

喜欢跳到主人身上的小狗，同样会在公园、街道等地方扑向其他人，它可能只是一时贪玩而并无恶意，但仍会惊吓，甚至伤害到他人。如你的狗狗真的对他人造成伤害，你是要负上全部责任的。所以，一定要让它改掉喜欢扑人的坏习惯。你可以用趴着的姿势来与小狗玩耍，或在狗儿站起时拉它的后脚。

值得注意的是，狗嗅人的气味是与生俱来的一种行为，它们这种行为可以接受；可是，若它们扑上来或站起来去嗅人的气味，就应严加责备。

改掉爱犬啃咬恶习

趁狗狗还年幼，就要充分表现出主人的权威，不可让它养成咬啃的坏习惯，否则当它长大后就很难将此习惯改变过来。

主人应当准确区分啃咬和撒娇。当狗狗主动去咬主人拿东西的手时，绝对要加以责备，甚至轻轻拍打它，示意这是不当的行为。但如果它只是用舌头去舔主人的手，这是撒娇的表现，以表示亲密。如确定此刻的狗狗是在撒娇，就不用去责备它。

有女人缘的宠物

波斯猫：人缘最好的猫咪之一，恬静可爱，乐观向上，对人诚实，举止优雅，还特别能捉老鼠。

喜马拉雅猫：善良乐观，热情大方，顽皮可爱，心地宽容，不跟其他猫打架，叫起来像唱歌。

苏格兰摺耳猫：留恋家庭，热爱主人，虽然只与一个人朝夕相处，但对所有家庭成员都不错。

土耳其安哥拉猫：常常一动不动地卧着，给人小家碧玉之感，举止端庄，恬静热情。

英国短毛猫：举止端庄，独立性强，善于与狗沟通、玩耍，对人也忠实，心理素质好。

马尔济斯犬：据说有犬中贵族的雅号，活泼灵敏，对人有感情，表情还很丰富。

日本犬：个性活泼，跟人亲，特别适合时尚女性。

博美犬：个头小，不占地，心情开朗，活泼好动，无体臭，少掉毛，再适合女性不过了。

可卡犬、拉布拉多犬、金毛巡回犬：聪明、漂亮，最能衬托女主人的高雅气质。但养这种狗需要有在郊区的大house，因为在城里它们的身高都超标了。

你捡来的任何动物：是你捡来的，你若不要它，它可怎么办？生活时间长了，甭管它多么不贵族，你一样会死心塌地地喜欢它。

宠物狗的四季护理

春 季

春季是犬发情、交配、繁殖和换毛的季节。要注意发情犬的管理，梳理被毛，预防皮肤病。犬在发情期间，其生理功能和行为常会发生一些特殊的改变。发情母犬会到处乱走，要看管好，不可任其外出自由交配，尤其是优良的纯种犬，以防品种退化。公犬常为争夺配偶而争斗，易受伤，发现伤情要及时处理。

春季也是换毛季节。厚实的冬季毛将要脱落，如不及时经常地梳理，不洁的皮肤会引起瘙痒，犬会以抓挠和摩擦身体来消除痒感，这就将容易将皮肤弄破，宜引起细菌感染。不洁的被毛易擀毡，为体外寄生虫和真菌的繁殖提供有利场所，引起皮肤病。因此春季应注意被毛的梳理和清洁，预防皮肤病。

秋　季

秋季犬体内代谢旺盛，食欲大增，采食量增加，夏毛开始脱落，秋毛开始长出，同时又是一年中第二个繁殖季节，其管理方法与春季有许多相似之处。秋季食物丰盛，给食量要增加，质量要提高，为过冬做好体质方面的储备。注意梳理被毛，以促进冬毛的生长。秋冬之际昼夜温差大，应做好晚间犬舍的保温工作，防止感冒。

冬　季

天气寒冷，管理的重点在防寒保温，预防呼吸道疾病方面。由于气温降低，机体受寒冷空气袭击，或因管理不当，不注意防寒保温，运动后被雨淋风吹以及犬舍潮湿等都会引起感冒，严重的会继发气管炎、肺炎等呼吸道疾病。预防感冒的有效措施就是防寒保温，加厚垫褥，并及时更换，保持干燥，防止贼风；在天晴日暖的时候，加强户外运动，以增强体质，提高抗病能力。晒太阳不仅可取暖，阳光中的紫外线还有消毒杀菌的功效，并能促进钙质的吸收，有利于骨骼的生长发育，防止仔犬发生佝偻病。

夏　季

空气潮湿，气候炎热，应注意防暑、防潮、预防食物中毒。犬在气温高，湿度大的环境中，由于体热散发困难，极易中暑。为此，应避免在烈日下活动，犬舍应设在阴凉处，炎热天气应经常为犬进行冷水浴。发现犬出现呼吸困难、皮温增高、心跳加速等症状时，应赶快用湿冷毛巾冷敷头部，移到阴凉通风处，并立即请兽医治疗。为防潮湿，要勤换、勤晒垫辱等铺垫物，用水冲洗犬舍后，一定要待彻底晾干后方能进犬，被雨水淋湿后的犬要及时用毛巾揩干。

夏季犬的饲料易变质，容易引起食物中毒。因此，喂犬的食物最好是经加热处理后放凉的新鲜食物，喂量要适当，不应有剩余。对已变质的食物要坚决倒掉，不能怕浪费而留用。因为变质食物中可能含有细菌毒素，即使高温处理也不可能将其破坏。犬吃了含有毒素的食物，即可引起食物中毒，如治疗不及时会死亡。如果在喂食后不久，发现犬有呕吐、腹泻、全身衰弱等症状时，应及时请兽医诊疗。

夏季气温高，犬易出现食欲减退，此时应减少肉食，增加新鲜蔬菜和肉汤或适当改变饲料种类，多供给清水。另外，应经常注意清洗眼睛和耳朵，防止皮肤湿疹。

狗狗不再“遛”主人

社区的小路上，常常看见自作主张地拖着人到处跑的狗狗，和跟在后面满头大汗、手足无措的“主人”。别以为这样遛狗很风光，更别认为这是狗狗活泼健康的表现———其实如此遛狗，不但做主人的自己辛苦还可能摔伤，兴奋得左冲右窜的小家伙也难免会惊吓到邻居；更重要的是，如此“自作主张”，只能说明你的狗狗“教养”不够哦！

其实外出散步时，你的狗狗应和你始终保持步调一致，这不仅能避免车祸和走失的危险，也是狗狗和路人和谐共处的基础。不要只是一味地溺爱狗狗，用科学的方式规范它们的行为，不仅会使你和它的共同生活更加轻松快乐，还能为狗狗树立良好的公众形象，为它赢得更多的尊重和友谊。

要训练出一条有“教养”又够听话的狗狗，首先必须树立主人的权威，对狗狗进行随行训练，让它成为“亦步亦趋”的乖狗狗。

随行训练其实并不太困难，比如想要改变上述每天被狗“遛”的局面，不妨这样试试——狗狗闷头“探险”的时候，趁它不注意时猛地拉扯狗链，动作要迅速而轻柔，什么也不用说。如此几次突然袭击，狗狗就会注意并尊重你的意愿，明白你是领队者，是带头人，而它只能乖乖做个“小尾巴”。

另外，换路线也是个不错的办法。当狗狗按每天的既定路线奔走，不再关心主人的态度时，可以突然改变熟悉的路线，比如一会往前走，一会返回来，每次散步都要这样做几次。因为只有这样做才能让它明白，必须时刻关注主人的意图，否则就会陷入被动的境地。

训练随行，从小狗开始

为了让训练更简单以及狗狗更加听话，随行训练一般应从幼年开始。只要按照以下步骤，再加上足够的耐心，相信狗狗很快就会养成随行左右的习惯。

1. 带好牵引带后，让狗狗位于主人左侧。这样主人就可以用左手松松抓住牵引带，右手拿着狗狗最喜欢的小零食，让它乖乖地坐下。

2. 出发时，前几次不妨先刻意地养成习惯，首先迈出左腿，同时拉拉牵引带，对狗狗发出“跟上”的命令。如果这时狗狗表现得太性急或兴奋而突然向前冲，就应该及时用左手抓住颈圈，将狗狗轻轻拉回正确位置。

3. 当狗狗靠在主人身边的合适位置时，就应该奖励它，给它爱抚或者零食。然后命令狗狗坐下，当它逐渐能够服从连续的口令后，再逐渐放长控制狗狗的距离。

4. 当主人走动时，如果幼犬能跟在主人身边，并且服从命令坐下时，就可以开始训练狗狗向右转啦！这时主人可以用左手引导狗狗向右转，并发出“跟上”的命令。

5. 最后就是学习怎样向左转动。向左转时，主人可以适当加快步伐，同时拿着零食放在狗狗的鼻端，让狗狗放慢步伐。当它减速时，及时发出“稳住”口令。

随行的常见问题

1. 如果小狗试图直立或爬牵引带，要严厉地告诉它“不”或者“离开”，然后命令狗狗坐下，开始从头训练。当然，初期不要在室外训练散步，因为各种干扰会妨碍训练成效。

2. 如果狗狗表现得萎靡不振拒绝活动时，可以用狗狗最喜欢的能发出声响的玩具耐心地引诱它。不要硬拉或发脾气，而应用奖赏鼓励它，让狗狗建立自信。

3. 每次狗狗自说自话地向前冲时，命令它坐下。主人和狗狗时刻都不能放松注意力，对性格多变的狗狗，初期不妨给它带上犬笼头。

4. 一定要避免在训练过程中踩到或踢到狗狗的脚，因为这样可能令狗狗对随行感到恐惧或被动。

5. 不要急于从牵引随行过渡到自由随行。要耐心等到狗狗养成较为巩固的随行习惯以后，再舍弃牵引带。

随行在外，粪便及时处理

狗狗已经能够听话地随行左右，做主人的一定会为此开心与自豪。但是，狗狗的粪便怎么办呢？就让它随地“解决”吗？

狗狗一般习惯于把粪便拉在松软的土壤上，如果没有及时清除，就会成为苍蝇等产卵的温床。此外，一些生病的狗排泄的粪便会携带寄生虫，不仅会污染环境，还会对小孩的健康产生威胁。孩子玩耍时如果摸上狗屎不洗手就吃东西，就会病从口入。

如何才能在根本上解决宠物粪便污染环境问题？听说国外的某些住宅区内会专设“宠

物厕所”，但中国的大多数小区恐怕目前还没有这样的条件，主要是因为多数住宅小区的空间狭小，绿地面积并不宽敞。

所以说，暂时还得靠我们这些狗爸狗妈们辛苦一回——带狗狗出行时，不妨随身携带小铁铲、塑料袋或者旧报纸，以便及时而自觉地清理狗粪便。

试试“装死”绝招

电影里见过很多次狗狗“装死”的镜头，突地倒在地上，一动不动。而在现实生活中，要给狗狗训练成这样一手搞笑绝技，也不是很困难。在训练狗狗乖乖随行的同时，不妨也试试这个，以增加主人和狗狗的兴致。可以先让狗狗卧下别动，轻轻地拉它的前腿，按着肩说：“卧下”。看着狗狗找到一个自然且舒服的姿势，大多数狗会自然地卧下，身体轻轻地朝前弯曲，而不是直直的。

当狗狗已经卧下后，就对它说：“别动”。同时主人自己站起来，此时如果狗狗也准备站立，就应该坚定地对它说：“卧下，卧下”。在它保持姿势几分钟后，再高兴地用它早已听惯地字眼“很好”来表扬它。

狗狗多次保持这种姿势后，在没有主人的帮助下，一般已经可以很听话地“卧下”。如果它还是不听话，再重复命令，假装准备拉它的前腿，但一般不要帮它，除非在绝对必要时。当它自己卧下时，主人应该继续说：“别动”，再走到狗链另一端。

“卧下”的手势是抬起胳膊至肩那么高，然后很快地放下来。如果你要使它卧下时，把手伸展开，“别动”与坐下“别动”的手势相同。

酷狗心事

当您见到狗时，有没有留意它的尾巴？其实狗也有丰富的感情，而这些感情都能透过尾巴反映出来。

狗尾巴约有20块尾椎骨，周围有6条粗血管，而且布满无数的神经纤维，通过脊椎直接与大脑联系。当狗变情绪产生变化时，大脑收到讯号通过神经纤维和尾椎骨传到尾巴，于是狗的情绪就能从尾巴的变化中体现出来了：

尾巴竖立成直角：狗遇到异性时，尾巴便会竖立成直角，而且微微振动。

尾巴下垂：表示生气

尾巴左右大幅度摇摆：表示十分高兴

尾巴卷到腹下：表示恐惧

尾巴松松垂下：可能生病，没精神

狗狗的内心世界

“狗眼看人低”

狗原本是群居的动物，敬畏领袖，努力保护同伴，进入人类的生活之后，就听从一家之主的命令：女主人喂它、照料它，小孩跟它玩；在家时间最少的男主人，则会令它敬畏。反过来，如果女主人比较威严，引导全家，它也会完全听从女主人。它恐惧，甚至害怕比它高大的，而跟它同高或个子小一些的，狗反而会因为好奇，进而对它们产生强烈的保护欲望。因此就有了“狗眼看人低的说法”。

等级观念

狗生性喜欢群居，在犬饲养场、农村或郊区的犬群中，总有一只头犬带领着群犬而且会支配和管辖它们。头犬的首领地位通常用以下几种特定动作来表示：如允许自己而不允许对方检查其他犬的生殖器，不准对方在另一只犬排过尿的地方排尿。对方可以在头犬面前摇头、摆尾、顽皮、坐下或躺着，当头犬离开时方可站住。等级优势明确后，敌对状态消失，开始成为朋友。因此主人应当树立头犬的形象，不要过于娇纵，而使狗狗认为它才是头犬。

领域观念

狗的领域观念强烈，并习惯用尿尿来标记它的“势力范围”。在它的领域里，它可神气得很，而一旦到了陌生地方，特别是狗猫味浓厚的地方，它反倒没胆了。这表现于狗一接近动物医院时，就死命不肯前进，或是发抖，甚至紧张得流口水。所以它常以自己为中心，用自己的气味标出地界，并经常更新，一块领地只可属于一两只犬或整个犬群。

吠叫的本能

每当救护车、警车通过时，狗常常会吠叫。吠叫是狼在联系同伴时常有的方式，作为一种本能，狗也继承了这一特点。因此当你听说谁家的狗会跟随音乐“唱歌”也就不会奇怪了。但并不是所有的狗都会吠叫，也有一些例外。

喜欢交往

与人交往是犬天生的习性，尤其是与孩童交往，而这天生的习性常取决于3～7周龄时与人接触的程度。如果犬出生的头两个月只和它父母或其他犬在一起，或没有真正了解人，很容易产生不爱和人交往且不好训练的情况。如果从小就受到人的爱抚，就会使它认识到人是它的朋友，熟悉人的气味。这就会养成爱与人交往的性格，并且容易训练。

爬跨行为

爬跨行为在人类看来很不雅观，但却是狗的天性，但因其年龄、性别的不同，爬跨的目的和表现也就不同。幼犬在主人离开一段时间回家时，就会在你身上爬来爬去，这是它高兴和顽皮的表现。有时两只小公狗也有爬跨动作，这只不过是一种类似儿童的游戏，也是高兴的表现，无交配之意。而成年公犬则不同，一是为了与发情母犬交配的“不轨”行为；二是企图确立自己的优势。母犬通常只在发情高潮时允许公犬爬跨，甚至母犬为了调情，不仅用身体摩擦公狗，翘起尾巴站立，而且刺激性最大的是爬跨公狗，此时，就应立即交配。

爱犬日常健身要点

第一，每天应有适当的运动。不能凭犬主的意志随随便便，时而一日数次，时而数天运动一次。运动量因犬的品种、年龄和不同的个体而异。如小型犬每天运动的路程以3～4公里为宜，而速度快的猎犬，每天应跑16公里左右，有些小型犬，如吉娃娃、北京犬、松鼠犬及西施犬等个体很小，如果让他们每天走很远的路，往往会因运动过度而影响心脏，故每日在家自由走动即够其运动量。有些小型犬，如泰利犬、迷你宾沙犬等，其性格活泼，所需运动量就要比起其他小型犬大，应适当增加运动量。有些猎犬，如阿富汗犬等，最好每天让它跑15分钟以上。在户外牵引运动前，应先让他们自由活动数分钟以排便，在运动中要保持正确的行走姿势，与主人保持适当的距离，纠正或前或后、或左或右的行走习惯。

第二，外出运动时应给犬带上牵引带。尤其在市区街道上切勿疏忽松带，任其自由闲荡，以防被车撞伤或惊扰行人，或与其他犬相遇而打斗，尤其要注意防止咬伤行人。带犬的项圈不宜过紧或过松，过紧会影响呼吸，过松易脱落，以有一定的自由度为宜。

第三，应时常变换运动路线，不要每天只按同一固定路线活动，运动中应防止它用鼻子去嗅闻其他犬所留下的排泄物或其他物体，更不能让犬接触，也不要将犬放到人或其他犬聚集的场所，以防传染某些疾病。

第四，在安全环境下，可给犬一些胶质玩具，任其自由嬉戏玩耍或引它跑动。

第五，对猎犬或警犬等工作犬，夏季的游泳锻炼是很好的全身运动，可使犬体格发育匀称。开阔地的快速运动和飞越障碍，可使肩部结构发育良好，促进胸部特别是前胸的发育。为了锻炼背部肌肉和后区的弹跳力，可以进行跳跃板壁障碍、高障碍、连续障碍等活动。为了锻炼犬的速步，可以进行自行车绳索牵引运动。结合曲线变换方向的运动，还能锻炼犬全身关节的柔软性和运动的敏捷性。总之，犬的运动形式多种多样，可根据不同目的选择，一般玩赏犬主要进行卫生保健方面的运动锻炼，而役用犬则要进行特殊的性能锻炼。运动归来后。要给犬饮足清洁的水，用毛巾擦干全身，刷去灰尘。运动后不要立即喂食，至少要安静休息30分钟，不然容易发生呕吐。

狗狗的饮食禁忌

当我们在吃东西时，狗狗会全神凝视地看我们嘴里及手上的食物，他们的眼神总是充满饥渴，看在眼里的主人多少会于心不忍偷偷地塞一、两块食物给狗狗吃，看到狗狗满足雀跃的模样更是欲罢不能地给更多的食物。

另外有些饲主则有这样一种养狗观念，认为人可以吃的东西狗狗也可以吃，但是人与狗狗的生理构造及代谢不同，相对的营养需求

也不一样，因此有些食物会对狗狗有致命的危险性，所以狗狗的“食事”不可以轻忽！

站在狗狗的营养需求上，人类所烹调的食物都太过油腻及太咸，长期吃人类食物的狗狗容易过胖，而肥胖正是许多疾病的导火线，像是心脏病、胰脏病、甚至是皮肤都会有影响，所以爱但不要害，简简单单地喂狗狗干饲料才是爱的最佳主人。

但不论饲主有多规矩地只喂狗狗干饲料，仍然会有些古灵精怪的狗狗偷翻垃圾桶或是跳上餐桌偷食物，所以下列狗狗禁口的食物要十分小心地放置：

巧 克 力

一定有许多人狐疑巧克力会有什么危险性！巧克力对狗狗而言是致命的吸引力，这是因为巧克力所含的咖啡因Caffeine及可可碱对狗狗的心脏及中枢神经系统有严重的影响，但是有些铁齿的饲主一定会说我的狗狗有吃过巧克力可是还好好的啊！那是因为吃的还不到危险剂量，通常市面上卖得一条巧克力棒就能引起狗狗的不舒服，轻则拉肚子，重则呕吐、抽搐甚至死亡，而且狗狗吃进去的巧克力量是会蓄积在的体内，须要较长的时间才能代谢掉，所以今天喂吃一颗巧克力也许会没事，但是隔天再吃一颗巧克力就不会那么幸运！

生肉或未完全煮熟的肉品

电影中英猛的猎人会割下猎物的肉直接丢给狗吃，但是这些传奇故事不会告诉你生肉中含有沙门氏菌及大肠杆菌，这些细菌都会引起狗狗肠胃道的疾病。

过期食品

有些人会因为过期食品的外观看起来没有发霉或是闻起来无异味而舍不得丢弃，但是这些过期食品都存有潜在性的危险，也许已经有霉菌或是其它的细菌产生，只用眼观鼻闻是很难发现，而且你自己都心理怕怕不敢吃，就不应该丢给狗狗来解决过期的食品。

鸡、鸭、鹅、鱼、牛、猪的骨头

大部分的人都知道细小尖刺的鸡骨头不可以喂狗狗，但是却认为牛及猪的骨头粗大可以让狗狗啃着玩，这是错误的想法，因为这些骨头有可能被狗狗咬成小碎片，而小碎片就会磨损甚至刺穿食道及肠胃道，或是造成肠胃道的阻塞。

锅边肥肉剩汤

我相信有许多人会给狗狗吃鸡皮或是吃盘里的残羹，但是你可能不知道常吃油腻的食物容易得胰脏炎，所以不要因为丢掉剩饭剩菜太浪费，而将狗狗当做馊水桶。

盐

当狗狗吃到毒物时有人会以盐水来催吐，但是狗狗每公斤摄取一茶匙的盐就具有致命的危险性，所以狗狗不小心吃入有毒物时应尽速送医，不要随便采信小偏方而酿成大灾难。

大蒜及洋葱

如果狗狗偷吃蒜头鸡（超过40粒大蒜）或是小包的炸洋葱圈会造成狗狗贫血，这是因为大蒜及洋葱含有大量的硫化物能破坏狗狗的红血球，就算你将大蒜及洋葱烹调处理过仍然无法去除硫化物的成份。

其实狗狗不能吃的东西还不只是这些食物，像是常吃水果也会因为维生素C、纤维摄取过多造成狗狗软便或拉肚子，甚至年纪大出现肾脏功能异常和肾脏结石。

但是以上述的七项食物对狗狗具有较高的危险性，所以家中有狗宝贝的人必须了解其严重性。虽然美食人人爱吃，也希望能与爱犬一起分享，但这些诱惑食物的背后却是致命的危险，所以真心爱狗的人想要狗狗活得长久又要活得健康，必须勇于拒绝所有人类食物的诱惑替狗狗说“NO!”唯有简单的喂食狗饲料才是狗狗健康的不二法门。

帮胆小宠物树立自信

主人带猫出行是难免的，比如每年一次的体检以及打疫苗。购买一只猫笼或航空箱非常必要，而让胆小的猫咪相信它是安全的，并愿意待在里面，是树立自信心的关键哟。

首先，把猫笼的门打开，放置在一个安静的角落里，垫衬上一件主人的T恤或衬衣，要没洗过的，你的气味是安慰猫咪最好的良药。

别强迫猫咪对这个新玩意儿产生注意力，放一点儿它爱吃的东西在猫笼前面，然后顺其自然。放心，无论好奇还是警惕，猫咪都乐意去接触一下新鲜事物的。

当猫咪能放心地在猫笼前面吃食后，再逐渐把食物转移到笼子里去。如果猫进入了笼子，主人不要干扰猫咪或者猛地关上笼门，胆小的猫咪受过一次骗就永远不会再次踏进笼中了。这个训练，要以猫的感觉为主，让猫来去自由出入猫笼，急功近利的做法会挫伤猫咪刚刚建立起来的信心。

总有一天，猫咪会把这个有好吃的的地方发展成自己的领地，觉得安全或者睡在里面，第一步就成功了！

带上它外出走走

有了一个猫咪喜欢又能保证安全的笼子，你就可以带上猫咪出去走走，看看外面的人群了。这是一个需要时间和耐心的过程：第一次离家，在门前转转就好了，不要带它见太多的人，更不要去见医生，那会让猫把途中的紧张与惊恐和猫笼联系起来，产生抗拒。这一切的心理准备过程有点漫长，但只要猫咪适应了，以后会开心得多。坚持住吧！

出来见见主人的朋友

家里来了客人，千万别强迫胆小的猫咪出来打招呼，但一点一点地接触陌生人，对猫咪来讲是很重要的。当你把猫咪抱出来的时候，客人需要保持安静，不要有幅度很大的动作。主人要轻声安抚小猫，如果它挣扎，就让它走，不要强硬地抓住它，也许有几次这样的经历，它就能适应了。当它能够忍受陌生人在身边的时候，看看有没有人能走到它的身边来抚摸或者抱抱它，动作要轻柔，不行就马上放

弃。在这个训练当中，惩罚是起不到半点作用的。如果猫咪愿意在人们身边待得久一点，可以给些好吃的作为奖励，让它体会到成就感，树立在陌生人面前的自信。

和陌生人做做游戏

经过上面的训练，如果你的小猫已经允许陌生人待在它的身边，可以尝试着让你的朋友和它做一些猫感兴趣的游戏。现在市面上流行的吊线老鼠、羽毛玩具都是不错的选择。这种互动的游戏会很快拉近陌生人与猫咪之间的关系，也许很快他们就能成为朋友。

信心的增强与巩固

如果你家的胆小鬼有一天主动走出来向你的朋友示好，哪怕只是远远地吸一吸鼻子，主人都应该给予奖赏。想把一种良好感觉坚持

下去，每次都能尝到一些甜头会让猫认为和人亲近是一件比较开心的事情，使它渐渐放下一些压力。耐心、坚持、前后一致的态度是训练成功的要诀。

帮助一只胆小的猫咪树立自信是一个循序渐进的过程，这期间，爱抚、鼓励、坚持和奖赏缺一不可。培养猫的自信心，最好是从小做起，当猫成年以后，行为模式已经确定，会表现得相当固执，对外界刺激的应激反应也更强一些。所以，胆小鬼的家长们，要抓紧时间哟！

猫咪受伤紧急处理

坦白说，受到意外伤害的猫，并不是好病人。它会紧张得张口就咬，因为怕你把它弄得更痛，再乖的猫也一样。平时就应找好有二十四小时急诊的动物医院。很多意外发生于没有人在家时。当主人回家呼唤它，它不肯出现，吃饭时间到了，也不见过来，这时你再担心，也千万不要紧张的大呼小叫，那会把它吓得越躲越远。轻声呼唤，慢慢地蹲下来，伸出手轻轻地摸它、搔它的耳朵、下巴、轻轻抬起它的头，如果猫咪没有反抗，设法抱它起来，放在桌上，仔细检查。

如果猫咪抗拒得很厉害，先拿块大毛巾盖上去，再慢慢把它整个包起来。立刻打电话给医院。同时把它放进箱子或摇篮里送去医院。一路上，轻轻的抚摸它或跟它说话，使它安静下来。

受伤出血

如果猫咪有任何部位的出血，设法先用双氧水倒在伤口上，以干净的布、餐巾、纱布用力按住伤口，简单地包扎起来。

如果是四肢的骨折，猫咪会提起受伤的那只脚；有外伤时先用双氧水冲洗，再以纱布等按住伤口，用木板、厚纸板夹住断肢包起来。

如果是后腿完全麻痹，用前腿拖着走，很可能是脊柱受伤，可以先把猫咪侧放在一块板子上，用布条绑牢。

如果是胸部、腹部的深部创伤，肉眼即可看见内脏。在用双氧水消毒后，要用布或绷带缠绕整个胸腔或腹腔。

由高处摔落，通常有鼻、口出血，骨折，意识不清，甚至休克，立刻紧急人工呼吸及心脏按摩，止血，固定骨折部位，送医院。

止　血

用湿棉布将伤口洗净，剪去纠结在一起的毛，涂上性质温和的杀菌剂。在伤口边缘涂点石油冻可避免毛发粘入伤口。如果猫出血严重，可将纱布在凉水中浸湿后盖住伤口，轻按。

若血流不止，用绷带包住纱布后在上面再加一块纱布。为保险起见，可在第二层纱布上面再加一条绷带，扎紧。如果流血严重，则赶快带猫看兽医。

昏迷休克

如果没有心跳了，立刻用手掌握住猫咪的胸部，施以人工呼吸，喊“1–2、1–2”，“1”的时候压，“2”时放松，持续三十秒再用手闭紧它的嘴巴，从鼻孔用力吹气进去，吹约三秒，不断重复，直到胸部鼓起，无法再吹气进去。重复二十几回，如果还没心跳，再重来。在送医院途中，继续努力，不要停止。

休克时，猫咪半昏迷，体温低，呼吸深而快，牙龈有白斑，立刻给它保温，紧急送医，并拉出舌头查看有无异物塞住，设法保持呼吸道畅通，并且看看有无大量出血，如果有，需设法止住。

中暑时，它会不断流口水，呼吸快速而困难，头部热烫，呈现半错迷状，设法先降温。将全身弄湿，用冰块或冷水浇，随后赶紧送医院。不要自行降温太久，急救不当反而会失温。随时要量肛温，万一温度太低，立刻保温。

触电时，查看有无休克的症状，小心拔掉电源，查看有无心跳呼吸。

窒息，猫咪会用脚抓口、喉头，舌头苍白，呈青紫色，半昏迷。立刻张开口，拉出舌头，握住后腿，倒立，拍打背部，压迫腹部，同时查看呼吸与心跳。

突发性抽搐、痉挛时，用布塞进它口腔，拉开远离家具，以免它受伤。用毛巾或毯子包裹全身，尽快送医院。

中　毒

中毒常发生于误用狗的除蚤剂在猫身上，会立刻出现高温、流涎、呕吐，紧接着降温。此时要立刻冲掉体表的药剂，包裹，带着除蚤剂一同送医院。

猫吃了被毒死的老鼠或是毒饵，容易大量出血，必须保温送医院。

杀蟑螂的药剂毒性很高，千万别在猫咪走动的附近喷洒，它很快就会中毒，中毒时立刻包裹，并且把药剂带着送医院。

怀疑它误食人类的感冒药或安眠药、镇定剂、退烧药中毒，连带药包一起送医院。

烫　伤

烫伤时，与人类烫伤的做法类似，冲—脱—泡—盖—送。先要制服它，接着除去烫伤的东西，冷敷，包扎伤口再送医院。

再次提醒：温柔轻声呼唤地接近猫咪，设法制服它，但别被它抓伤咬伤。

爱狗家庭必备小药箱

外科急救品

双氧水：如果是一般的皮外伤，可先用它清洗伤口。

云南白药：如果小狗碰破并流血，可要先为它止血。将药粉涂抹在伤口上即可。如果出血过多，可以适当地让小狗服用一些。

消炎粉：这是一种常用而且有效的创伤消炎药，需要注意的是涂抹在伤口表面后，要包扎一下，以防止爱犬舔食。

紫药水：在伤口皮肤生长期使用。

红霉素软膏：伤口恢复期可使用，还可以在小狗患化脓性皮肤病时使用。

特别提示：如果可能，还应该准备一些冰棍棒，如果小狗不幸发生了骨折，这时候，又轻又薄具有韧性的冰棍棒就能发挥作用了。因为小狗虽然受伤了，但它们活泼好动的性格容易使伤势更加严重，这时主人可以用冰棍棒作为夹板暂时固定骨折的肢体。这样一来，在主人将小狗送往医院的途中，骨折处的血管、神经、肌肉及皮肤就不容易被再次损伤了。

消化道用药

多酶片、胃蛋白酶片、复合维生素：这些药对小狗的消化不良，食欲不振会有很大帮助，可有效地调理小狗的肠胃功能。

庆大霉素片：一些家长都会为小狗因消化不良引起的呕吐、腹泻而焦急万分，这种药在小狗拉肚子时能发挥重要作用。

胃复安片：如果小狗发生呕吐，这时候主人给它们服用胃复安片即可止吐。

发育宝：平时给狗狗吃一些能够调节胃肠功能的补药，也可防止狗狗腹泻。

特别提示：如果爱犬呕吐、腹泻较严重，还是应及时去看医生，以免延误治疗。

特殊用药

氯霉素眼药水：用于眼部的必备药品，可治疗结膜炎、角膜炎。由于其价格便宜，没有患眼病也可用其冲洗，保持眼部清洁。对眼大并凸起的京叭、八哥等犬种尤为重要。

维生素E：家中相伴多年的爱犬渐渐走向了自己的暮年，那么主人如何保持爱犬的青春及延缓它的衰老呢？小药箱中就要备些维生素E，经常给爱犬吃一些，会使它“青春永驻”。

甘油栓：当爱犬便秘时，挤入肛门内是非常有效的药物。

洗必泰溶液：你的爱犬是公犬，你也许会发现其包皮口处总有略带绿色的灰白脓汁。这是包皮腔发炎了，经常用洗必泰溶液冲洗，就可以帮它摆脱困扰。

苯巴比妥：有的小狗患有癫痫病，每隔一段时间就会发作，在发作前给爱犬服用此药会有效地控制病情。

特别提示：随着私家车的增多，举家带爱犬出门旅游的人增多，这时可给有晕车病史的爱犬备些镇静剂，常用的有安定片、氯丙泰等。因为服镇静剂会干扰爱犬的热调节能力，服用后闷在温度高的车厢里，很可能会中暑，严重者可导致死亡，所以用量最好向兽医咨询。

给猫剪指甲的方法

当您与猫咪玩耍的过程中，出现被它的爪子滑出白道子现象时就应该给它剪指甲了。

给猫剪指甲时，首先准备好剪指甲的工具，宠物专用的指甲钳。

方法1

让猫咪侧躺在桌子上（如果可行的话），拿起它的爪子，用大拇指按住它的脚垫，这样指甲就会从脚垫里出来，进行修剪的时候注意，如果猫咪有反映的时候立刻松开它的爪子，以免被其抓伤，再有就是在剪指甲的过程中千万不要去逗它，这样会使猫咪不安。

方法2

如果您的猫咪不老实，不配合，就需要两个人配合，找一个不透明（透气）的袋子套在它的头上，这时猫咪一般会挣扎一会，等它稳定下来再开始修剪，注意，随时观察它的动作，以免被抓伤，还有就是抓头的人小心猫咪搁着袋子咬伤手指。

如果实在没有办法修剪，建议去宠物美容院进行修剪。

注：猫的指甲一般是透明的，如果看见有粉红色的地方就是血线了，千万不要剪到血线，要在离血线0.3～0.5cm的地方下剪。

还有，猫咪最好两周到四周之间就要剪一次指甲，以免它去抓猫抓板以外的东西，比如你的手或你家的沙发。

猫咪尾巴传情意

猫咪是善于沟通的动物，可以发出超过一百种的声音，比狗多十倍，是动物界中的语言专家。其实除了声音之外，它们亦时常借由尾巴摆动来传情达意。所以，要了解猫猫的情绪，观看其尾巴的摆动姿势就可知道：

尾巴微弯向下，尾尖微弯向上：这表示猫猫正享受着优闲而写意的生活。

尾巴略微提起，柔软地弯曲着：猫猫正在对面前某种事物产生兴趣。

尾巴竖起，尾尖弯曲：这表示猫猫对你有浓厚的兴趣，而且友善亦愿意亲近，却尚有少许保留。

尾巴竖起，尾尖竖直：非常愿意亲近，而且并无保留。成猫这样做是学小猫亲近它的母亲的动作。小猫的暗示是请猫妈妈替它检查臀部。

尾巴完全垂下，并夹于后腿之间：这是惊慌的讯号，又或者是一只顺从的猫猫向同类表示它在猫社群中的低微地位。

尾巴向下，毛竖起：这表示它感到非常害怕。

尾巴强烈地两边摆动：这讯号表示猫猫感到很忿怒。如果尾巴持续由一边用力摆向另一边，则表示它随时准备攻击。

尾巴维持不动，但是尾尖突然震动：这摆尾方式表示猫猫感到少许烦躁。如尾尖震动得越是有力，则表示它将要抓人。

尾巴竖起并且震动：微微震动通常出现在一只刚被主人轻抚完的猫猫身上。这个身体语言似乎有一种“个人识别”的含意。

尾巴放在一边：当雌猫准备跟雄猫交配时，其尾巴会移开一边。当雄猫见到它的这个姿势，便知道可以亲近它而不被袭击。

尾巴竖起笔直，而且毛也竖直：这是防守的讯号，表示若继续受到威胁，猫猫便会进行攻击。

猫猫虽然不懂说话，但它的一举一动，确能比千言万语，蕴含更多的意义，以后要多加留意呀！

宠物除蚤招招鲜

跳蚤会导致猫狗患有奇痒的过敏性皮炎和寄生虫病（绛虫）。不仅对猫狗有害，还可能殃及主人，所以要及早采取对策。一旦在猫狗身上发现一只跳蚤，周围就可能有100只，要赶紧消灭。

招　数　一

齿密的梳子梳理猫狗的皮毛时，可能会有跳蚤卡在梳齿里。这时不要把它碾死，而要粘在胶条上或是放到溶有洗涤剂的水里杀死。碾死的话，跳蚤体内的条虫卵就会飞出来，可能会被猫狗舔食到体内。

招　数　二

家中进行彻底清洁，漏网的跳蚤或掉到床上的跳蚤要用吸尘器彻底清除。特别是屋子里的角落，木地板的边缘，地毯、毛毯的毛间等要细心清理。这样还清除不尽的话，就在屋里挂杀虫板或者放杀虫剂到地毯和毛毯下。不过，杀虫板不仅是跳蚤的克星，对人和猫狗都有害，所以必须是家里跳蚤泛滥，万不得已时，暂时用一下。有小孩、猫和狗宝宝的家庭还是不用为好。

招 数 三

消灭跳蚤的对策是保持猫狗身体的清洁，专门用于杀跳蚤的洗发剂和护理液是用来对付那些用梳子也清理不净的跳蚤的。洗的时候，从头开始一点一点地湿起，让跳蚤无路可逃。

招　数　四

不喜欢洗澡的猫咪，给它用跳蚤粉。猫狗两用的跳蚤粉可能含有对狗无害却对猫有害的成分，所以要用猫咪专用的。分开可能有跳蚤的耳后、腹部腿根处的毛，把手插进去撒上跳蚤粉，然后用毛刷梳理。隔2～3天撒一次，不能每天都撒。

招　数　五

可取250克新鲜的柑橘皮，用刀将其切成碎末，用纱布包起来挤出带有酸苦味的汁液。将汁液用500克开水稀释并搅匀，待凉后喷洒在猫狗身上，或用毛巾在柑橘稀释液中浸湿后裹在猫狗身上，一小时后，猫狗身上的跳蚤就会全部死掉！

家居宝典

Jia Ju Bao Dian

家是女人一生的事业，很多时候女人需要一个人的空间，而家便成了她身体最好的栖息地，灵魂最自由的避难所。所以，你要让自己的家更温暖，更温馨，更温情。

15分钟快速靓家

周末休闲方式有多种多样，但是对于忙碌了一周的女性，整理有些凌乱的家，也是必做的功课。能否在15分钟内让乏味的家务和愉悦的休闲融为一体呢？

当然！不过前提是要相信自己有能力创造生活创造美，按照以下的点子，从这个周末就开始，你一定可以做得更好。

家居环境中包括很多的细节，日久天长当我们开始感觉家中乏善可陈时，那就需要给这些细节“充电”。

方　法　1

打乱原有的视觉秩序。例如可以把相框里的图片换换，让小摆设们搬次家；再比如可以把最近常看的书重新码放，或者给它们包上书皮。

方　法　2

整理音乐，整理情绪。家中的CD架未必要搁上你的全部CD，只需要按照你此时心绪，放上适合的CD，这样随时可以让最适合你的音乐充盈你家。

方法3

简单花艺。几支百合或者一捧玫瑰，插在瓶中立刻使一室生辉。但买来花后，如果再将花修剪一下会更好，例如将玫瑰的叶子全部剪去，绿枝红花堆积在一起的感觉会更美。

空调房里的温情

在冬季，为保持室温不能长时间开窗通风，只能生活在使用取暖器的干燥环境中。科学研究证明，人生活在相对湿度40%~60%，湿度指数为50~60的环境中最感舒适。冬天该如何调节家中湿度呢？也许你会不假思索地说：用加湿器。但为什么不尝试既美观又节能的吐氧植物呢？

能清新空气的吐氧植物首荐君子兰、仙人掌类的植物。一般植物的呼吸方式不同，有些是吸入二氧化碳，呼出氧气，而有些则正好相反。仙人掌类植物可以在晚间呼出氧气，在清新空气的同时，可使室内感觉湿润温和，比较适合放置在空调室；大盆君子兰可放置在办公场所的会议室或家中的客厅，直接用来调节空气。

吊兰、富贵竹、百合、蓬莱蕉、绿萝、菊花等绿色植物可以帮助不常开窗通风的房间改善空气质量，具有“消毒”功能。如吊兰能将有致癌作用的甲醛转化成糖和氨基酸类的天然物质，还能分解复印机、打印机排出的苯等有害物质；蓬莱蕉、绿萝等也能消除甲醛等有害物质；菊花在开花时能消除空气中的苯；另外，富贵竹、百合等常青的观赏绿植都有“消毒”功能。

冬季室内养花

室内开窗换气频率大大降低，空气不流通，有些现代化家庭用品容易造成二氧化碳、二氧化硫等有毒有害气体的增加，某种程度上也会侵害到我们的身体。如果能在居室里养几盆绿色植物，既可起到美化环境的作用，又有益于人的身体健康。

吊　兰

又名钩兰、挂兰、兰草参、折鹤兰等，属百合科，原产南非，被誉为居室中的“净化器”。

近缘种：金边吊兰、金心吊兰、银边吊兰。

适合范围：对居住面积没有限制。

主要功能：可消除屋内的甲醛污染，而且具备强大的吸污本领。

形态特征：多年生常绿草本，地下根肉质、肥厚。叶形如兰，茎端小苗似礼花四溢，十分雅致，是居室内吊挂观叶的良好植物。

养护方法：吊兰喜温暖湿润的半阴环境，不耐寒，怕烈日暴晒。适宜温度在15～20℃之间，冬季应高于5℃。对土壤要求不严，但必须排水良好。要选用中性培养土作盆土，用可以悬吊的中小型花盆栽植。

居室内摆上一盆吊兰，在24小时内可将室内的一氧化碳、二氧化碳、二氧化硫、氮氧化物等有害气体吸收干净，起到空气过滤器的作用。

金琥

又名象牙球，属仙人掌科，原产墨西哥中部。

适合范围：刚装修过的居室、书房或40～150平方米客厅内。

主要功能：吸收甲醛、乙醚等装修产生的有毒有害气体，吸收电脑辐射。

形态特征：多年生肉质植物，茎圆球形，大型，高30～120厘米，径可达100厘米，单生。茎球有棱整齐排列，刺座较大，放射状硬刺长约3厘米，金黄色。

养护方法：金琥喜欢光照充足和高温的环境，不耐夏季烈日直射，不耐寒。要求含有石灰质的沙质土壤。越冬温度15℃以上，定期向球体喷洒水雾。养护数十年能育成巨大的茎球，非常壮观。在40～50℃

的高温下，如没有烈日直射，仍生长良好。

由于仙人掌科类植物可以吸收甲醛、乙醚等装修产生的有害气体，因此最适合室内种植。它可以24小时放氧，吸收电脑辐射。

虎 尾 兰

又名虎皮兰、千岁兰、虎尾掌、锦兰等，属龙舌兰科，原产非洲热带和印度。

近缘种：金边虎尾兰、短叶虎尾兰。

适合范围：观赏价值较高，盆栽布置厅堂、会场均宜。

主要功能：对甲醛的吸收能力超强。

形态特征：虎尾兰为多年生肉质草本植物。具匍匐的根状茎，褐色，半木质化，分枝力强。叶片从地下茎生出，丛生，扁平，直立，先端尖，剑形。叶色浅绿色，正反两面具白色和深绿色的横向如云层状条纹，状似虎皮，表面有很厚的蜡质层。花期一般在11月，具香味。

养护方法：虎尾兰喜光，可以承受阳光直射，应放在通风良好的向阳处，但也能耐阴，只是长时间遮阴条件下叶子会变得发暗。其适宜温度是18～27℃，低于13℃即停止生长。冬季温度也不能长时间低于10℃，否则植株基部会发生腐烂，造成整株死亡。

虎尾兰是天然的清道夫，可以清除空气中的有害物质，虎尾兰可吸收室内80%以上多种有害气体，特别是在对付甲醛上颇有功效。

龟 背 竹

又名蓬莱蕉、电线兰、龟背芋，属天南星科多年生常绿藤本植物，原产南美洲。

近缘种：多孔龟背竹、洞眼龟背竹、斑纹龟背竹等。

适合范围：适合在面积较大的客厅美化环境，不适合放在卧室。

主要功能：夜间有很强的吸收二氧化碳的能力。

形态特征：其茎粗壮，节多似竹。叶互生，叶片近圆形，巨大，幼叶心脏形，无穿孔。长大后在其大型的叶片上，呈龟甲形散布许多长圆形孔洞和深裂。

养护方法：喜温暖、湿润环境，喜半阴，忌阳光直射，喜肥沃、富含腐殖质的沙壤土。适生温度在20～25℃之间，越冬温度大于8℃为宜。平时的土壤宁湿勿干，空气干燥时可向叶面、地面喷水。植株长大后需给予支架或沿物攀援。

龟背竹易繁殖、易生长、易管理。其竹叶色苍翠，叶态奇特，与各种颜色的花配在一起，令人心旷神怡，百看不厌，其对甲醛等多种有害气体都有很好的吸收作用。

月　季

又名长春花、月月红、斗雪红、瘦客等。

属蔷薇科，常绿小灌木，被誉为花中皇后，原生种产于我国。

近缘种：香水月季、丰花月季、壮花月季、微型月季、藤本月季和灌木月季。

适合范围：月季的适用范围很广，多放于阳光充足的窗前。

主要功能：较多地吸收硫化氢、氟化氢、苯酚、乙醚等有害气体，减少这些气体的污染。

形态特征：树型基本有四大类：地被型、灌丛型、标准型、树状月季和藤本月季。花色繁多，美不胜收。

养护方法：月季花喜温暖凉爽的气候和充足的阳光。白天最适温度为15～26℃，夜间为10～15℃。冬季低于5℃则进入休眠，对生态环境的适应性很强。

月季是一种很“皮实”的花卉，耐严寒，抗污染，能吸收空气中的氯气、二氧化硫等有害气体。

茉莉花

属木樨科，常绿小灌木或藤本状灌木，原产印度与阿拉伯。

适合范围：阳光充足而温暖的室内即可。

主要功能：清香宜人，对室内产生的细菌有明显的杀除作用。

形态特征：小枝有棱角，有时有毛。单叶对生，宽卵形或椭圆形，叶脉明显，叶面微皱，叶柄短而向上弯曲，有短柔毛。通常三朵花，有时多，花白色，有芳香，花期甚长，由初夏至晚秋开花不绝。

养护方法：喜光，稍耐阴。喜温暖湿润气候，畏寒、旱。喜肥沃和排水良好的酸性土，不耐涝、碱和霜冻。通常生长适温为22～35℃，温度过高，植株处于半休眠状态，开花少，开花不均匀，温度过低植株生长缓慢，且不耐低温，长时间在5℃以下，部分枝条就会冻死。

茉莉花清香四溢，能够提取茉莉油，其产生的挥发性油类具有显著的杀菌作用，5分钟就可以杀死白喉菌和痢疾菌等原生菌。

雏菊

又名延命菊、春菊，多年生矮小草本，簇生，原产欧洲。

适合范围：属盆栽观赏型花卉，多放于书房或客厅作为点缀。

主要功能：有效地除去三氟乙烯的污染。

形态特征：高15～20厘米，自基部簇生，匙形或倒卵形，边缘具齿牙。早春开花，头状花序单生于花茎顶端，舌状花多轮，白色、粉红色、红色或紫色，管状花黄色，种子细小，灰白色。

养护方法： 喜冷凉气候，较耐寒，忌炎热。繁殖以播种为主，也可扦插或分株。

在我国各地普遍栽培供观赏，多作布置花坛或盆栽。将其小株移栽盆中，摆于室内，既可观赏，也可净化屋内的空气。

卧室摆花有讲究

“水是生命之源，绿是生命之本”养花，不仅可以美化环境、活跃气氛还可以净化空气、排除居室有害物质。但也有一些花卉会对人产生负面影响，应引起注意。室内环境的有害物质达数千种之多，其中最主要的有：氡、放射性元素、甲醛、苯、氨、聚氯乙烯、氮氧化物和碳氧化物等。另外，电器使用的增多，又使室内的负氧离子数量降低。

住宅养花好处多

紫菀属、黄芪、含烟草、黄芪属和鸡冠花等一类植物，能吸收大量的铀等放射性核素；芦荟、吊兰和虎尾兰可清除甲醛；常青藤、月季、蔷薇、芦荟和万年青等可有效清除室内的三氯乙烯、硫化氢、苯、苯酚、氟化氢和乙醚等；虎尾兰、龟背竹和一叶兰等可吸收室内80%以上的有害气体；天门冬可清除重金属微粒；柑橘、迷迭香和吊兰等可使室内空气中的细菌和微生物大为减少。

另外吊兰还可以有效地吸收二氧化碳；仙人掌科的一些多肉类花卉夜间很少排出二氧化碳；紫藤对二氧化硫、氯气和氟化氢的抗性较强，对铬也有一定的抗性，绿萝等一些叶大和喜水植物可使室内空气湿度保持极佳状态。

卧室摆花要讲究

尽管家庭养花好处多，但卧室摆花要讲究。这是因为白天花卉在进行光合作用时，是放出氧气和吸收二氧化碳的；而在夜间，花卉不进行光合作用，吐出二氧化碳和吸收氧气。这时，如果在卧室摆花，就会有害健康。

因此：

1. 在卧室内，夜间最好少放或者不放花卉，避免其同人争氧气，影响健康。

2. 有些花卉能清新空气，但也会对人产生些负面影响，因而在卧室内最好不要摆放，例如月季花虽能吸收大量的有害气体，但其所散发的浓郁香味，又会使人产生郁闷不适、憋气，重者甚至呼吸困难；如杜鹃花、郁金香、百合花和猩猩木等虽也可吸收挥发性化学物质，但杜鹃的花朵含有一种毒素，误食轻者中毒，重者会休克（注：市场上不出售）虽然绝大多数的杜鹃都含有一些挥发油和杜鹃素等成分，对气管炎和哮喘有一定疗效；郁金香花朵含有一种毒碱，接触过久会加快毛发脱落；百合花的香味，闻久会使人的中枢过度兴奋而引起失眠。

3. 还有一些花卉，例如紫荆花的花粉，接触过久会诱发哮喘症或使咳嗽症加重；含羞草所含的含羞草碱是一种毒性很强的有机物，人体过多接触会引起毛发脱落；夜来香夜间散发的刺激嗅觉的微粒，会使高血压和心脏病患者感到头晕、郁闷，甚至病情加重，但夜来香是一种可供观赏的香花，它浓郁的香气，还可以驱蚊，一般用于庭院和阳台。

情趣化生存

淳朴自然的本色，在精致的做工下，装饰性和随意性并具，以情趣化方式生存，勇敢地站在家之舞台中央，带来一种内外兼修的生活，或轻快或稳重，你选择哪一种？

情趣，在家随处散落

时下，做工精细的藤制品已摒弃了原先的粗糙，转而突出其轻巧耐用、清新环保的特点：看起来灵活，用起来方便，还可以巧妙利用空间和死角，增加储物能力。它们大多采用了压缩工艺，纹理丰富，不仅具有实木质感，而且有很好的外观气质。和以往的“粗糙”印象相比更细腻、更现代，增强了居室风格的协调性。

感动视觉，情趣生存的另一面

藤编工艺和取材的不断推新，使其设计风格也发生了翻天覆地的变化，除原有的欧式及中式风格外，极具艺术气息的另类风格，夹带着后现代的时尚元素闯入了人们的视线，那些构思新颖的藤枝烛台，就是很好的例子。

藤+铁：打造轻快气息

藤制家具质感温和，铸铁线条唯美、气质冷峻，组合出来会让整个空间流动着轻快、明朗的气息，这个“1＋1>2”的组合肯定能为生活带来轻快的改变。选择藤铁家具也就意味着选择了一种随心所欲的美，没有厚重，没有压抑，也没有做作。玻璃是藤铁家具的最佳搭配对象，相互衬托更显轻盈灵巧，柔韧与冷硬形成了对比，硬朗中见柔和，空间变化更富有情趣。这种类型的家具一般适合空间不是很宽阔的地方。

藤+木：写意稳重时尚空间

藤与木、棉麻、布艺等材质结合，工艺精雕细刻，外观不仅具有很高的观赏性，而且更显格调与品位。与木质圆桌边柜组合，以深咖啡色最见个性，也是深色调藤制品中难得的上品，此类风格稳重而时尚，搭配空间宜简不宜繁，空间色彩太多的话，就会冲淡其自然古朴的味道。暖色的适当加入可以缓解深褐色藤品的压抑，不过，暖色不宜太过明亮，以淡雅的深玫瑰红最好。藤木组合不如藤铁家具灵巧，占地面积比较大。藤蔓选配，重在细节。

藤编制品与其他家具搭配时，要注意选择造型同样简洁一些的，这样无论是搭配木制家具、金属家具还是布艺家具，都会有很出色的效果。与藤制品搭配，最完美的莫过于绿色植物了，那种天衣无缝的归属感，让家中充满了大自然的气息。

藤制品价位的高低不仅与制作工艺有关，而且取决于材质的优劣，其中以“藤中之王”——竹藤为上品，价格最昂贵。韧性好的藤制品，选料一般很精细，每根藤的粗细基本一致，颜色也很均匀，质感平滑，而且工艺非常细腻精美。密度高，坚固耐用，适应温度变化的能力强，不容易断裂，制作出来的家具线条简洁明朗，外观漂亮大方。

空间的创意妙用

飘窗在视觉上可以增加室内空间面积，而且还可享受到大面积的玻璃采光及宽敞窗台的好处，因此备受很多家庭的喜爱。时下新居里开始出现飘窗的身影。但你是否注意到，明净通透的玻璃和光滑清凉的大理石台面构筑的飘台空间其实可以有很多妙用。

实用方便的床头柜

适合飘窗不太宽阔及卧房空间较小的居室。床紧挨飘窗而放，飘窗自然就成了床头柜了。只要再在上面添两个坐垫，那么这个悬空的床头柜又多了一个功能——入梦前的阅览台。

浪漫温馨的梦幻床

如果飘窗颇大，有两三米长，一米宽的话，就可以把飘窗设计成一张小小的单人床！保留原有的大理石台面，在采光玻璃（飘窗多是为了三面采光）上挂上罗马帘或普通垂帘，再在飘窗与卧室之间多加一道窗帘。不用的时候整个窗户造型是浪漫的宫廷式垂帘，轻轻拉开，就是睡美人之床了。想被阳光照醒或享受星光的人士不妨试试。

读书人的大书桌

这是实用与科学相结合的方法。平方米数不多的年轻人的家居可以运用。专家说自然光最适合人眼。想想家里哪里容易采到自然光？当然非飘窗莫属啦！而且把桌腿都自然“省”掉了。按照入墙家具的做法做出一个20~40厘米高的书桌台面，飘窗书桌可向室内延伸，又可在拐角处打造电脑桌、书架、书柜，一个大一统的开卷天地就归你所有了！

工作狂的游乐园

工作了一天，最希望找个地方懒散一下。这时候飘窗又可以派上用场。简单的可以是软软的毡子（或折叠垫子）外加两个特色的小抱枕。如果你的飘窗属于大型转角型的，先按窗台的尺寸订做个薄薄的布艺坐垫，并且用相同色系的方枕沿窗台弧形排列作为靠背，最后再在中间摆上一张小茶几。你可以在这张独特的休闲飘窗躺椅上或冥想、听音乐，或与三五友人品茶、聊天、打牌。

懒虫的储物柜

一般的飘窗通常离地三尺多高，有心人可以把这三尺多的水泥空间架空，使之变为我们需要的储物柜。只要留够支撑飘窗台面的混凝土部分，余下的空间可以做成一到两个大大的抽屉，不常用的小东西，通通装进去，突然间，不合时宜的东西在餐桌上、茶几上、沙发上消失了，家里变得清爽宜人，生活也变得简单快乐了。

别致的私人领地

卧室和卫浴间这样的私人领地，需要最贴心的收纳方法。充分考虑到生活的便利和整理的方便，就是创造贴心收纳的出发点。想让卧室和卫浴间处处都变得整洁、舒适，越是精心的收纳越能达到理想的效果，也只有这样才能营造出称心如意的舒适生活。

将卫浴间的杂物像果实般挂起

在专门储物的空间之外，卫浴间里还需要一些收纳空间放置形状特别、又会经常用到的物品。把卫浴间里备用的卷纸、购买的各种泡泡浴球、洗澡海绵分别放在几何形状的塑料纱网织成的筐里，在墙上固定一个金属丝网，将纱网挂在上面，所有的杂物就会像收集起来的果实，杂乱和不谐调的感觉会一扫而光。

在抽屉里装满别致的内衣收纳袋

把内衣和袜子分开存放在我们的生活中已经不是太难的事情了，但是把每一套内衣或者每一双袜子都分开存放，而且使用上面画有可爱的内衣、袜子图案的收纳袋，这种生活里的精细会带来宠爱自己的愉快心情，还可以避免匆忙之中不同的内衣或袜子纠缠在一起带来的麻烦。

给床穿上“收纳裙”

从客厅和书房的“围巾”引申出来的方便取用、柔和的“口袋式”收纳的确是一种最贴心的收纳方法。卧室里也有许多需要经常用到却难以整理在一起的物品，一个布满口袋的床的“裙子”可以把杂志、拖鞋、睡衣等随时取用的东西装在里面，颜色柔和的布艺还能为初春的卧室带来温暖的感觉，实用和装饰两种要求都能满足。

打造你的“安乐窝”

一个时尚女人，要从一点一滴做起，从一言一行一举一动做起，从最简单的洗脸刷牙做起。真正时尚的女人不仅要为“悦己者容”，更要令自己“陶醉、意乱情迷”，在自己的安乐窝里，先做一个不折不扣的精致细腻的女主人。

卧　　室

幽谧温馨的灯光，柔滑宽松的睡衣，玫瑰色的床单、软绵绵的床垫，波浪式翻动的拖地窗帘，淡黄色木质地板，通透玲珑的天顶设计，以及空气清新调节器，这些都是获得心平气和、轻松自如的前提条件，当然也是做个时尚女人的卧室必备。

浴　　室

最好有一个宽敞适宜的白色浴缸。尽“醉”其中，尽情体味文学作品中描写的“赤条条来去无牵挂”的原始野性表达和“一切尽在无言中”的最佳感觉。与此同时，最好的浴液、牙膏、洗发水，极尽精巧的浴帽、浴巾、浴衣。所谓时尚嘛，就是洗个脸也得起码半个小时。冲洗—冲洗—再冲洗，最后上妆。

妆　　台

女人的妆台上要有多类型的化妆品，而且每种都要俨然有序、井井有条。搞乱化妆品最佳组合和配对是一个时尚女人绝不宽恕的错误。

厨　　房

有句名言说，“看厨房，才知道主人的生活品位。”可见，厨房的重要性非同寻常。所以时尚女人须适应厨房实用、快捷的发展趋势，不妨让微波炉、咖啡壶唱主角，在厨房里做个吧台以简易厨房来充当功能空间，大快朵颐。

美女的美浴室

因为每天都需要沐浴，因此若有可能自己设计或装修浴室，建议采用明亮、采光性好的设计。当明亮的光线照射到浴室中时，会令您充满幸福的感觉。

若光线不能照射进浴室，就应该选择白色或淡灰色的瓷砖，并考虑窗帘等装饰物是否会令浴室显得黑暗、狭小。夜晚天色变黑后的沐浴也会令身心感到舒畅，这种情况适合任何形式的房间，若无法拥有明亮的浴室，那么能营造出一个充满浪漫色彩的浴室，也能令人幸福无比。

窗户对于浴室的换气来说是很重要的，虽然和窗户的大小没有关系，但浴室的通风性是非常重要的。当然，若安装了排风扇就不会出现问题，但是也应该时刻注意空气是否过分潮湿，有没有发霉的味道等等。

对于浴缸、卫生间和洗脸池来说，最重要的一点就是清洁感，要随时注意细微之处的清洁工作，不要摆放过多的不需要的物品，注意随时收拾整理。

甜蜜的女性家居

家居或家具，如果仅仅在线条上模仿女性，那是伪女性主义家居。女性主义家居好比是一个风情万种的女子，除了身段外，更重要的是味道、文化内涵等等。

现在市场上的家具和饰品越来越多地朝着女性化的方向发展。从消费角度看，装修房子、购买饰品的大多是女性，所以商家也是投其所好，将用在女性服装、饰品上的心思用在了家具饰品当中。

自然纯洁的女人就像一朵莲花，浑身充满了天然的吸引力。在家居当中也是如此。

实木材料是会呼吸的材料，对人有天然的亲和力，所以实木家具和实木地板都是高档家居的标志之一。其中樱桃木、枫木等颜色淡雅的实木具有精致的木纹，更加符合女性的审美观念。布艺中，棉、麻、丝这种天然的材料也是现在很流行的，自然、飘逸，将女性的柔美体现得淋漓尽致。

甜甜蜜蜜的色彩是感性女性的特征。这种甜蜜的颜色多用于窗帘、床上用品、桌布、靠垫等，营造一个甜蜜的生活氛围，带给人一天工作后的放松。

饱满女人的身材常用丰满来形容，而家居的造型也可以用饱满、圆润来形容，两者都带给人精神的满足。

从汽车到家具，越来越多流畅的线条开始出现在产品上。流畅的线条，带给人思维的形象空间，就像中国的写意画一样超越于物质本身。带有女性身体特征，但是又绝不照搬的造型艺术，让人与环境融合在了一起。